测绘科技专著出版基金资助

非线性大地测量信号小波分析理论与方法

Wavelet Analysis Theories and Methods for Non-linear Geodetic Signals

曲国庆　党亚民　章传银　著

测绘出版社

·北京·

© 曲国庆　党亚民　章传银　2011

所有权利(含信息网络传播权)保留,未经许可,不得以任何方式使用。

内 容 提 要

本书针对非线性大地测量时间序列中的特征信息分析问题,围绕小波多分辨率分析,建立了一套较为系统的大地测量信号小波分析理论与方法。主要内容包括:非线性大地测量信号小波包估计理论与方法,利用改进的小波包单子带重构算法,提取非线性大地测量信号的特征信息;针对高精度大地测量信号,建立 M 带小波包和有理小波的分解与重构算法,采用 M 带小波包单子带重构特征提取方法,探索弱大地测量特征信号提取的新途径;针对两列非平稳大地测量信号,利用小波相关性,在时频两域内分析两列信号的相似程度;利用小波相干性,分析两列信号在不同频率、不同时间分辨率下的相关程度;利用小波相位相干性,比较两列信号间的相位变化关系。

本书主要面向从事大地测量、工程测量、地震、地球物理等方面的科技工作者,也可供相关领域的研究生参考。

图书在版编目(CIP)数据

非线性大地测量信号小波分析理论与方法 / 曲国庆,党亚民,章传银著. —北京:测绘出版社,2011.2
 ISBN 978-7-5030-2218-0

Ⅰ.①非… Ⅱ.①曲… ②党… ③章… Ⅲ.①小波分析—应用—非线性—大地测量—信号分析 Ⅳ.①P22

中国版本图书馆 CIP 数据核字(2011)第 006273 号

责任编辑	贾晓林	封面设计	李　伟	责任校对	董玉珍　李　艳
出版发行	测绘出版社				
地　　址	北京市西城区三里河路 50 号		电　　话	010—68531160(营销)	
邮政编码	100045			010—68531609(门市)	
电子信箱	smp@sinomaps.com		网　　址	www.sinomaps.com	
印　　刷	北京民族印务有限责任公司		经　　销	新华书店	
成品规格	169mm×239mm				
印　　张	10.25		字　　数	195 千字	
版　　次	2011 年 2 月第 1 版		印　　次	2011 年 2 月第 1 次印刷	
印　　数	0001—1500		定　　价	33.00 元	
书　　号	ISBN 978-7-5030-2218-0/P・514				

本书如有印装质量问题,请与我社联系调换。

前 言

在大地测量中,大多数问题属于非线性问题,用线性模型理论研究和处理非线性问题存在一定的局限性,往往得出与实际不符的结论。现代大地测量提供了大范围、长时间,甚至不间断地对地动态观测,观测环境愈来愈复杂,影响因素较多,函数关系复杂,这种复杂性几乎无法在参数模型中考虑,从而影响了参数模型的解释能力。若能正确地识别、提取这些复杂信息,则不仅能够提高参数估计精度,而且能为其他学科的研究提供资料。

小波研究与应用的热潮始于20世纪80年代。传统的傅里叶变换只能对信号进行频域分析,无法突出信号在局部时域的特征。而小波函数能对信号进行时频联合局部分析,且这种分析具有自适应"变焦"功能:分析高频分量时,时窗变窄,中心频率增加;分析低频信号时,时窗变宽,中心频率减小。因此,适用于信号的局部分析。基于多分辨率分析理论的正交尺度函数和正交小波互为正交补,能细致划分频带,能将信号分解成不同频带上的分量,为深入分析信号的特征提供了可能。基于框架理论的离散小波函数族在满足一定条件时,可作为函数的逼近基,甚至是正交基。可通过基函数系数重构原信号,逼近误差有明确的上界,而非正交小波基对非线性函数的冗余表示,也能完全刻画原函数,并重构之。为解决某类问题,人们还提出了许多有针对性的小波函数,研究者可根据实际的应用情况选择相应的小波。另外,对传统小波函数的各种改进也在不断出现。

20世纪90年代初,小波概念被引入大地测量。随后,大地测量学界掀起了小波应用研究的热潮,国际大地测量和地球物理学联合会(International Union of Geodesy and Geophysics,IUGG)、国际大地测量协会(International Association of Geodesy,IAG)先后成立了以小波应用为主题的专门研究组,致力于应用小波分析方法解决大地测量学中的相关问题。

小波分析为解决非线性、非参数问题提供了有效的方法。本书研究非线性大地测量信号小波分析理论及应用,对发展现代大地测量数据处理理论与技术具有重要的理论价值和现实意义。

本书是在作者结合中科院百人计划子课题"小波分析理论及其在大地测量中的应用研究"和山东省自然科学基金项目(2004XZ31)而作的博士论文的基础上完善而成的。

由于作者水平有限,错误和不足之处在所难免,敬请读者指正。

作 者
2010年3月

目 录

第1章 绪 论 ··· 1
§1.1 非线性问题的提出及其研究进展 ···································· 1
§1.2 半参数估计的研究进展 ·· 3
§1.3 小波分析理论及其在大地测量信号处理中应用的研究现状 ······ 5
§1.4 本书研究的主要内容 ··· 10
§1.5 本章小结 ·· 11

第2章 希尔伯特空间与小波分析原理 ·· 12
§2.1 希尔伯特空间理论 ··· 12
§2.2 傅里叶变换 ·· 18
§2.3 小波变换 ·· 19
§2.4 多分辨率分析与正交小波变换 ······································· 23
§2.5 小波包基本理论 ·· 25
§2.6 本章小结 ·· 30

第3章 非线性大地测量信号小波包估计 ···································· 31
§3.1 大地测量信号小波估计 ··· 31
§3.2 时序信号小波包估计方法 ·· 31
§3.3 系统性干扰信号小波包估计 ··· 40
§3.4 突变性干扰信号小波包估计 ··· 41
§3.5 改进的 Penalty 阈值信号估计 ······································· 42
§3.6 基于 Schur 凹花费函数小波包估计 ································ 46
§3.7 本章小结 ·· 49

第4章 非平稳大地测量信号特征信息小波识别 ··························· 50
§4.1 傅里叶谱分析 ··· 50
§4.2 小波谱分析 ·· 58
§4.3 小波熵分析 ·· 60
§4.4 特征信息识别与分析 ·· 63
§4.5 本章小结 ·· 67

第5章 大地测量信号特征项分离与提取 ………………………… 68
§5.1 大地测量信号的频率混淆现象 ………………………… 68
§5.2 小波包变换中的频率混淆 ……………………………… 69
§5.3 消除频带交错 …………………………………………… 72
§5.4 消除频率重叠 …………………………………………… 73
§5.5 消除其他频率混淆 ……………………………………… 80
§5.6 单子带重构提取大地测量信号特征项 ………………… 82
§5.7 本章小结 ………………………………………………… 86

第6章 弱大地测量信号 M 带小波分析 …………………………… 87
§6.1 强噪声背景下的大地测量信号 ………………………… 87
§6.2 M 带小波理论 …………………………………………… 87
§6.3 M 带小波包理论 ………………………………………… 91
§6.4 基于 M 带小波包的特征信息提取 …………………… 98
§6.5 本章小结 ………………………………………………… 107

第7章 有理小波理论及信号估计 ………………………………… 108
§7.1 有理多分辨率分析 ……………………………………… 108
§7.2 塔形分解与重构算法 …………………………………… 110
§7.3 有理小波包分析 ………………………………………… 112
§7.4 算法实现 ………………………………………………… 116
§7.5 本章小结 ………………………………………………… 118

第8章 大地测量信号小波相关性分析 …………………………… 119
§8.1 信号的时频相关性 ……………………………………… 119
§8.2 时间序列信号小波相关性分析 ………………………… 122
§8.3 时间序列信号小波相干性分析 ………………………… 123
§8.4 时间序列信号小波相位相干性分析 …………………… 128
§8.5 大地测量信号小波相关性分析 ………………………… 129
§8.6 本章小结 ………………………………………………… 145

参考文献 ……………………………………………………………… 146

Contents

Chapter 1 Introduction ·· 1
  § 1.1 Proposing and researching of non-linear problems ············· 1
  § 1.2 Research on semi-parametric estimation ······························ 3
  § 1.3 Wavelet analysis theory and its present application in processing geodetic signals ··· 5
  § 1.4 Contents of this book ·· 10
  § 1.5 Summary ·· 11

Chapter 2 Hilbert space and wavelet analysis theory ························ 12
  § 2.1 Hilbert space theory ··· 12
  § 2.2 Fourier transform ··· 18
  § 2.3 Wavelet transform ·· 19
  § 2.4 Multi-resolution analysis and orthogonal wavelet transform ······ 23
  § 2.5 Basic wavelet packet theory ··· 25
  § 2.6 Summary ·· 30

Chapter 3 Wavelet packet estimation for non-linear geodetic signals ············· 31
  § 3.1 Wavelet estimation for geodetic signals ····························· 31
  § 3.2 Wavelet packet estimation for time series signals ············· 31
  § 3.3 Wavelet packet estimation for systematic jamming signals ······ 40
  § 3.4 Wavelet packet estimation for abrupt changing signals ············· 41
  § 3.5 Wavelet packet estimation with improved Penalty threshold ··· 42
  § 3.6 Wavelet packet estimation based on Schur concave cost function ·· 46
  § 3.7 Summary ·· 49

Chapter 4 Feature information within non-stationary geodetic identification based on wavelet ·· 50
  § 4.1 Fourier spectrum analysis ··· 50
  § 4.2 Wavelet spectrum analysis ·· 58

§ 4.3　Wavelet entropy analysis ⋯⋯ 60
§ 4.4　Idetification and analysis for feature information ⋯⋯ 63
§ 4.5　Summary ⋯⋯ 67

Chapter 5　Extraction and separation of feature items within geodetic signals ⋯⋯ 68
§ 5.1　Frequency aliasing within geodetic signals ⋯⋯ 68
§ 5.2　Frequency aliasing within wavelet packet transform ⋯⋯ 69
§ 5.3　Reordering nodes to avoid frequency interleaving ⋯⋯ 72
§ 5.4　Single sub-band reconstruction to weaken frequency folding ⋯⋯ 73
§ 5.5　Improved single sub-band reconstruction to avoid other aliasing ⋯⋯ 80
§ 5.6　Extraction of feature item within geodetic signals with single sub-band reconstrucion algorithm ⋯⋯ 82
§ 5.7　Summary ⋯⋯ 86

Chapter 6　M-band wavelet analysis for weak geodetic signals ⋯⋯ 87
§ 6.1　Geodetic signals with strong background noise ⋯⋯ 87
§ 6.2　M-band wavelet theory ⋯⋯ 87
§ 6.3　M-band wavelet packet theory ⋯⋯ 91
§ 6.4　Feature information extraction based on M-band wavelet packet ⋯⋯ 98
§ 6.5　Summary ⋯⋯ 107

Chapter 7　Rational wavelet theory and the estimation by it ⋯⋯ 108
§ 7.1　Rational multiresolution analysis ⋯⋯ 108
§ 7.2　Pyramid decomposition and reconstruction algorithm ⋯⋯ 110
§ 7.3　Rational wavelet packet analysis ⋯⋯ 112
§ 7.4　Algorithm realization ⋯⋯ 116
§ 7.5　Summary ⋯⋯ 118

Chapter 8　Wavelet correlation analysis for geodetic signals ⋯⋯ 119
§ 8.1　Time-frequency corelation between signals ⋯⋯ 119
§ 8.2　Wavelet correlation analysis for time series ⋯⋯ 122
§ 8.3　Wavelet coherence analysis for time series ⋯⋯ 123

§ 8.4　Wavelet phase coherence analysis for time series ·················· 128
§ 8.5　Wavelet correlation analysis for geodetic time series ············ 129
§ 8.6　Summary ·· 145

References ··· 146

第1章 绪 论

§1.1 非线性问题的提出及其研究进展

1.1.1 非线性问题的提出

非线性科学在过去的30多年间激励了自然科学、工程技术与社会科学的科学研究人员，并向人们提出了划时代的挑战。中国科学院院长周光召在《迈向科技大发展的新世纪》一文中指出："非线性科学是关于体系总体本质的一门新学科，它着重于总体、过程和演化。""非线性科学不仅在认识论上有重大的哲学意义，也在求解基本问题时有重大科学意义。"非线性科学是研究复杂现象的一类新学科，涉及自然科学的方方面面，近些年许多理论相继问世，并得到发展，如耗散结构、混沌力学、分形和分维、自组织、协同学、超循环与微循环、奇异吸引子与混沌动力学等。非线性科学贯穿于信息科学、生命科学、空间科学、地球科学和环境科学等领域，广泛应用于描述自然界的各种现象。近30年来，非线性科学在探求自然界的非线性现象的普遍规律，发展普适的非线性模型以及处理方法方面取得了丰富的成果。但是，由于非线性问题的复杂性，在相当长的一段时间内，非线性理论和方法将仍是一个重要的研究领域。

现实世界中，严格的线性模型并不多见，它们或多或少都带有某种程度的近似。随着科学技术和近代统计学的飞速发展，人们对非线性问题的认识不断加深，非线性模型的研究越来越多，农业、生物、经济、工程技术等领域的学者都提出了许多非线性模型以及其他非线性统计问题。因此，积极开展非线性模型估计的研究在理论与实践中日趋重要。非线性模型估计是线性模型估计的自然推广，目前对线性参数模型估计的理论研究已日臻完善，而对非线性参数模型估计理论的研究还不成熟。所以，对非线性模型估计理论与方法进行研究具有重要的意义。

测绘科学领域同样存在大量的非线性问题。对于测量中的非线性模型，传统的处理方法是进行线性近似，即将其展开为泰勒级数，取至一次项，而略去二次以上各项。随着测绘科学技术的不断发展，测量精度已大大提高，致使线性近似所引起的模型误差与观测误差相当，甚至还会大于观测误差。因此，用线性近似的理论、模型和方法去处理现代测量的观测结果，可能会导致精度损失。另外，有些非线性模型对参数的个数及其近似值十分敏感，若近似值的精度较差，线性近似时就可能会产生较大的模型误差甚至导致解算结果发散。再者,由于没有顾及线性近似所引起的模型误差,有时用线性模型的精度评定理论去评定估计结果的精度,会得到一些虚假的优良统计性质。因此,传统的线性近似方法不能满足当今科学技术的要求。

1.1.2 非线性问题的研究进展

线性模型参数估计问题,可以追溯到18世纪初。1806年著名数学家勒让德从代数观点提出了最小二乘法,而早在1794年,高斯就提出用最小二乘法从带有误差的观测值中找出待定量的最优值,但高斯直到1809年才在《天体运动理论》中正式发表他的方法。后来,马尔可夫于1900年证明了最小二乘估计的方差最小的性质,形成了著名的高斯-马尔可夫定理,从而奠定了最小二乘法在线性参数模型估计中的地位。非线性参数模型估计理论的研究始于20世纪60年代初期,直到1980年,统计学家Bates和Watts引入曲率度量以后,它才得到较快的发展。

测绘学领域内的非线性参数模型估计理论的研究相对较晚,较深入的研究是20世纪80年代后期。1985年以来,国际著名大地测量学者Teunissen在非线性参数模型估计方面作了卓有成效的研究,他先后研究了非线性模型最小二乘估计的一、二阶矩,提出了从舍去项中寻找对函数模型和参数的影响,然后对函数模型和参数的估值进行修正的思想。Blahs研究了非线性最小二乘的无迭代求解理论。Lohse研究了非线性模型的参数估计理论。Athanasios Dermanis和Fernando Sanso研究了可容许和不可容许非线性估计原理,提出了非线性估计的贝叶斯方法。

我国的测量学者对非线性参数模型估计问题作了一系列的研究:徐培亮研究了非线性函数的协方差传播公式。刘大杰、黄加纳研究过非线性最小二乘的迭代解法。周世健研究了广义方差-协方差的传播问题。刘国林、陶华学在非线性参数模型估计方面作了一些较系统的研究工作,对非线性模型展开后取至二次项,研究了这种新模型下的平差问题(如秩亏自由网平差)和协因数的传播问题。胡圣武、陶本藻对非线性参数模型估计的统计性质进行了研究,并将其应用到GIS中。王新洲对非线性参数模型估计理论作了系统的研究,研究了非线性参数模型估计的算法和非线性模型中单位权方差的估计,提出了非线性模型线性近似时的容许曲率概念,给出了非线性模型能否线性近似的实用判据,导出了非线性参数模型估计的直接解法和非线性参数模型估计中单位权方差的估计公式。张勤研究了用于求解非线性最小二乘模型、非线性秩亏模型和非线性病态方程的参数估值的同伦算法。姚琦伟定量地总结了非线性时间序列预报不同于线性预报的三次特征,即预报误差对初始条件的依赖性、敏感性以及在多步预报中的非单调性。

§1.2 半参数估计的研究进展

参数、非参数及半参数估计的提法源于数理统计学,在数理统计学领域先后形成了参数统计、非参数统计和半参数统计分支。统计学的基本任务是利用观测的样本去推断总体的一些性质,推断过程中经常要对研究的总体作一些假定,然后估计未知参数或未知函数或对它们作某种假设检验。非参数及半参数统计广泛应用于经济、工业技术、气化学等领域的数据处理中。

1.2.1 参数、非参数及半参数统计

基础数理统计的许多方法是对总体的分布假定了一个参数模型,未知的是模型中的参数,要解决的问题是估计这些未知参数或对它们作某种假设检验。参数统计,粗略地说,就是常见的一套基于正态假设的统计方法,包括假设检验和统计推断,如线性回归、狭义多元回归分析、χ^2 检验、t 检验、F 检验等。

在一个统计问题中,若所假定的总体分布的数学形式已知,而只包含有限个(通常为数不多)未知的实参数,其余均为已知,则是参数统计问题。设模型为

$$L = f(X) + \Delta \tag{1.1}$$

式中,Δ 为随机误差,常假设为独立同分布(independently-identically distributed,iid)向量。参数估计要解决的问题是由观测值来估计未知函数 $f(X)$ 或对 $f(X)$ 的假设作统计检验。若 $f(X)$ 为线性函数,则为线性参数模型估计;若 $f(X)$ 为非线性函数,则为非线性参数模型估计。线性模型的参数估计问题,已有很完善的理论,对于非线性模型的参数估计问题,也有较丰富的研究成果。

参数模型对待估函数提供了大量的额外信息,因此当假设成立时,其推断有较高的精度;但当假设与实际情况背离时,基于假设模型所作的推断效果可能很差,这就促进了非参数统计的发展。

非参数统计是参数统计的对立面。非参数统计一般对研究的总体不作具体的模型假设,对总体的分布极少限制,只有一些定性的描述,在这样比较弱的假定下对总体的一些未知特征进行统计推断,这里的统计量是指非分布参数或非分布参数的函数。两样本检验问题、对称分布的对称中心的估计、形状未知的回归函数的估计、拟合优度检验问题等,都是非参数统计问题。可见,非参数统计中的统计量往往是与分布无关的。

设非参数统计模型为

$$L = g(t) + \Delta \tag{1.2}$$

式中,$g \in \zeta$,ζ 为 $\mathbf{R}^n$ 上某函数空间,Δ 为独立同分布随机误差变量,$\{t_i\}$ 是从具有未知的密度函数 $f(X)$ 的总体中抽取的独立同分布样本。

对于参数估计，不论是线性模型还是非线性模型，其估计函数的形式是已知的，只是参数待定。非参数估计函数的形式是未知的。非参数估计的理论和方法，自 Stone 以后已取得重大进展，相对于参数估计有一些优点，且与参数估计有互补的功效，但从实际应用来说，有它的局限性：当观测值与参数的函数形式未知，观测值无法表达为某些参数的函数时，非参数模型能较准确地描述观测值，有较大的适应性；但当二者之间有明确的关系时用非参数估计进行处理，则信息损失太多；当观测值与部分参数之间的关系很明确，而与另一部分参数的关系因为复杂而无法用一明确的关系式表达时，可以用参数模型和非参数模型的综合模型——半参数模型来表达，其一般形式为

$$L = f(X) + g(t) + \Delta \tag{1.3}$$

式中，f 为观测值与部分参数间的明确关系，是模型的参数分量，可为线性或非线性函数；g 用来表达观测值与参数之间无明确函数关系的部分，称为模型的非参数部分；Δ 独立同分布随机误差变量。

以往研究的半参数模型中的参数分量均为线性函数，故以往研究的半参数模型都是线性半参数模型，有人也称之为偏线性回归模型。对于参数、非参数和半参数模型，各有其适用范围，离开各自的适用范围就无法评价这些模型的优劣。只能一般的说，这些模型在其适用的范围内都是十分有用的，其理论和方法都尚在发展之中。

1.2.2 半参数模型的研究现状

半参数模型估计是当今理论数理统计研究的热点。一些统计学者的研究重点是设法在自然合理的条件下获得参数分量和非参数分量估值的大样本性质及最优收敛速度，主要是在理论上讨论半参数估计结果的大样本性质。例如：杨善朝和秦永松研究了相依样本下非参数估计的极限性以及应用经验似然方法研究若干常见半参数模型的经验似然估计和置信区间。施沛德构造出了半参数回归模型的 M 估计，并证明了参数分量的 M 估计是渐近有效的。朱仲义、韦博成主要研究半参数非线性回归模型的几何结构的建立，并在此基础上研究与统计曲率有关的某些渐进推断。施云驰、柴根象利用最小二乘局部多项式方法建立了半参数回归模型参数分量、非参数分量和误差方差的局部多项式估计，在适当的条件下，得到它们的渐近正态性和最优收敛速度。高集体主要研究半参数回归模型的大样本理论。陈宏主要研究了半参数回归模型中的有效估计。艾春荣主要研究完全与截尾样本半参数回归模型估计的强相合性，并应用到计量经济学领域中。Yang Lijian 研究了半参数模型和非参数时间序列分析。孙海燕研究了半参数回归模型在测量中的应用，如将半参数估计方法用于平差模型的精化和 GPS 相位观测中系统误差的处理等。童恒庆主要研究半参数模型的大样本性质。

§1.3 小波分析理论及其在大地测量信号处理中应用的研究现状

1.3.1 小波分析理论及其应用的发展

1807年法国数学家傅里叶在热传导理论研究中提出的傅里叶分析,对数学和工程科学的发展都起到了很大的影响和推动作用。在傅里叶变换(Fourier transform,FT)中引入频率的概念,发展了频谱分析理论。但FT是一种全时域变换,无法提取局部时间段上的信号特征。1946年,Gabor提出了一种加时间窗的短时傅里叶变换(short time Fourier transform,STFT),以高斯函数为窗口的Gabor变换,日后被发展为Morlet小波。因此,小波是一类能进行伸缩和平移操作的紧支局部函数,而小波分析就是以小波函数为变换核的一类积分变换的统称,本质上是对傅里叶分析的继承与发展(Gabor,1946)。

小波研究与应用的热潮始于20世纪80年代。1983年法国工程师Morlet用Gabor变换处理地震波数据的局部特性时,遇到高频成分振荡很大,致使系数计算不稳定;遇到低频成分振荡很小,无法重构信号。为此,引入了小波概念。通过物理、直观的经验和信号处理的实际建立了反演公式,当时未能得到数学家的认可。正如1807年傅里叶提出任一函数都能展开成三角函数的无穷级数的创新概念未能得到著名数学家拉格朗日、拉普拉斯以及勒让德的认可一样。幸运的是,早在20世纪70年代,Calderon表示定理的发现、Hardy空间的原子分解和无条件基的深入研究为小波变换的诞生作了理论上的准备,而且Stromberg还构造了历史上非常类似于现在的小波基;理论物理学家Grossmann对该小波的分解可行性作了研究,提出了确定函数$W(t)$的伸缩与平移展开理论,为小波分析理论的形成奠定了基础。1985年,Meyer关注Grossmann和Morlet提出的小波变换,构造了具有衰减性的光滑函数——Meyer小波,其二进伸缩和平移构成$L^2(\mathbf{R})$的规范正交基。1986年Meyer偶然构造出一个真正的小波基,并与Mallat合作把小波变换放入更广的空间来分析,将多分辨率分析思想引入到小波函数构造,研究了小波变换的离散化形式和滤波器组概念,提出了信号小波分解与重构的Mallat算法。小波分析才开始蓬勃发展起来。其中比利时女数学家Daubechies撰写的小波十讲(《Ten Lectures on Wavelets》)对小波的普及起了重要的推动作用。它与傅里叶变换、窗口傅里叶变换(Gabor变换)相比,是一个时间和频率的局域变换,因而能有效地从信号中提取信息,通过伸缩和平移等运算功能对函数或信号进行多尺度细化分析,解决了傅里叶变换不能解决的许多困难问题,它是调和分析发展史上里程碑式的进展(Daubechies,1990)。

小波(wavelet)顾名思义,就是小的波形。所谓"小"是指它具有衰减性;而称为"波"则是指它具有波动性,其是振幅正负相间的振荡形式。与傅里叶变换相比,小波变换是时间(空间)频率的局部化分析,它通过伸缩平移运算对信号(函数)逐步进行多尺度细化,最终达到高频处时间细分,低频处频率细分,能自动适应时频信号分析的要求,从而可聚焦到信号的任意细节,解决了傅里叶变换的困难问题,成为继傅里叶变换以来在科学方法上的重大突破。有人把小波变换称为"数学显微镜"。

小波主要经历了以下发展阶段(李建平,2004)。

1. 1983 年 Morlet 提出小波基本概念

20 世纪 80 年代初期,法国工程师 Morlet 提出了一种新的时间—频率分析方法,它称为"形状不变的小波"(wavelet of constant shape)。Morlet 当时正在法国的 Elf Aquitaine 石油公司工作。石油公司找油通常向地下打炮,通过地下沉淀物层面反馈的信息来判断地下是否有石油。这种处理方法要处理大量数据。开始,Morlet 用 Gabor 变换来处理,很快他发现 Gabor 处理数据时,遇到高频时成分振荡很大,致使系数计算不稳定;遇到低频成分振荡很小,从而无法重构信号。后来,Morlet 采用伸缩取代频率平移的思想取得了满意的实践效果。

Morlet 使用他自己定义的小波函数 $\hat{\Psi}(\xi) = \xi^2 e^{\frac{-\xi^2}{2}} (\xi > 0)$,此函数正是他引进的分析信号函数,它是高斯函数的二阶导数。如果说 Morlet 引进上述小波是他的第一思想,那么他的第二个思想则是离散取样,为计算机取值处理作准备。之后通过确定信号重构足够小的值,来建立信号分解的系数计算公式。至此,小波宣告诞生。

2. 1984 年 Grossmann 建立马赛小波研究中心

数值试验表明,1983 年 Morlet 构造的小波变换具有很好的信号分析效果,也就是说 Morlet 的方法在应用方面取得了成功。为进一步探究小波数学原理,他向在法国国家科学研究中心(National Center for Scientific Research,CNRS)实验室 CPT 研究中心工作的理论物理学家 Grossmann 请教,并与 Grossmann 一起工作,Grossmann 所在的研究中心位于马赛市。Grossmann 及其合作者将 Morlet 小波变换与量子物理凝聚态理论联系起来,他们引进所谓连续小波变换来代替 Morlet 离散伸缩函数集,这样一来,Morlet 小波变换就成为对凝聚态展开的离散取样,并从样本中重构信号。仿射群凝聚态概念早在 1986 年就由 Aslaksen 与 Klauder 引进,故并不是什么新奇的东西。但基于仿射群构造的高效 Morlet 重构算法却是一项创举,影响深远。

Grossmann 的第二项重要思想是基于框架理论解决由离散小波系数精确重构原来的信号。框架概念是由 Duffin 与 Schaeffer 在研究非调和傅里叶级数时引进的。

Morlet 与 Grossmann 的马赛研究梯队的合作研究大大地丰富了 Morlet 小波

变换内容。Grossmann 等人很快认识到 Morlet 算法可能是多尺度分析十分有用的工具。在 Morlet 与 Grossmann 周围，有一批来自不同领域的科学家，他们开始探索小波多尺度分析，马赛小波研究中心也吸引了许多有名的科学家。

由于得到 CNRS 研究经费的强大支持，同时分别于 1987 年和 1989 年举办了两次小波分析国际会议和多次小波分析研讨班，故马赛成为小波理论重要研究中心。该中心最有影响的成果之一是建立了山脉骨架算法，此算法用于提取渐进信号的调制规律。马赛中心另一个重要成果是 Arneodo 等人用小波方法证明紊流中 Frisch 和 Parisi 提出的关于多分支结构假设。目前，该论文是基于小波分析计算紊流信号奇异性的经典文献。

3. 1986 年 Mallat 提出 MRA

1985 年 9 月，Meyer 为了完善他建立的小波理论，他在 Haar 基的基础上用类推的方法试图给出高维小波基的构造。不久以后，研究构造量子场论的 Battle 与 Lemarie 各自独立构造出具有指数衰减的样条正交小波，由此再构造高维小波并形成 $L^2(\mathbf{R}^d)$，$H^p(0 < p \leqslant 1)$ 的无条件基就变得很容易。

Mallat 把小波变换放入更宽广的空间来分析，基于 Laplacian 金字塔算法，他提出了一种新型快速算法，此算法很自然地用于数据压缩、边缘检测、纹理分析等，Mallat 和 Meyer 合作提出多分辨率分析(multi-resolution analysis，MRA)。

4. 1987 年 Daubechies 给出 FIR 滤波器

Mallat 研究工作的重点是关于快速小波变换(fast wavelet transform，FWT)算法的镜像共轭滤波器。构造紧支集小波在算法上与构造满足精确重构条件且具有有限脉冲响应的镜像共轭滤波器等价。Mallat 与 Mayer 合作完成 MRA 及 FWT以后，并没有完成紧支集正交小波的构造，Daubechies 利用著名的 Riese 引理和 Heerman 最大平滑滤波器完成了这一任务。Daubechies 对滤波器构造的论文发表在《Communication on Pure and Applied Mathematics》上，并成为经典、必读的文献。后来 Daubechies 将滤波器应用于信号及图像处理，取得极佳的应用效果。

小波分析的应用领域十分广泛，如数学领域信号分析、图像处理、量子力学、理论物理、军事电子对抗与武器的智能化、计算机分类与识别、音乐与语言的人工合成、医学成像与诊断、地震勘探数据处理、大型机械的故障诊断等方面。在数学方面，它已用于数值分析、构造快速数值方法、曲线曲面构造、微分方程求解、控制论等；在信号分析方面已应用于滤波、去噪声、压缩、传递等；在图像处理方面已应用于图像压缩、分类、识别与诊断、去污等；在医学成像方面已应用于 B 超、CT、核磁共振，减少了成像的时间，提高了分辨率等。

1.3.2 小波分析特点及其在大地测量数据处理应用中的研究现状

由于小波分析具有时频局部化和多分辨率分析的能力，因此它已经在众多科学领域得到了广泛的应用。20世纪90年代以来,基于小波理论的大地测量数据处理的研究备受重视。小波及小波分析的特点如下(郑军,2005):

(1)在时频域具有局部分析功能。传统的傅里叶变换只能对信号进行频域分析,无法突出信号在局部时域的特征,而小波函数能对信号进行时频联合局部分析,且这种分析具有自适应"变焦"功能:分析高频分量时,时窗变窄,中心频率增加;分析低频信号时,时窗变宽,中心频率减小,因而适用于信号的局部分析。

(2)具有多分辨率分析功能。基于多分辨率分析理论的正交尺度函数和正交小波两者互为正交补,能细致划分频带,能将信号分解成不同频带上的分量,为深入分析信号的特征提供了可能。

(3)是一种良好的非线性系统局部逼近基。基于框架理论的离散小波函数族满足一定条件时,可作为函数的逼近基,甚至是正交基。可通过基函数系数重构原信号,逼近误差有明确的上界,而非正交小波基对非线性函数的冗余表示,也能完全刻画原函数,并重构之。

(4)具有多样性。为解决某类问题,人们提出了许多有针对性的小波函数,如Daubechies族小波、墨西哥草帽小波、Gabor小波、Meyer小波、样条小波等,研究者可根据实际的应用情况选择相应的小波,且对传统小波函数可进行各种改进。

小波分析已经形成了一套较完善的理论,为实际应用提供了工具。目前,小波理论与技术在大地测量信号处理领域的应用日趋广泛。

在非线性模型小波估计方面,由于小波的优良特性,小波估计有误差小、收敛速度快等优点,许多学者对其作了探讨和研究,并取得了许多研究成果。例如用核估计法与最小二乘法讨论了半参数模型误差序列为NA序列的一些大样本性质(任哲 等,2000);用小波方法讨论了非参数回归的一些大样本性质(Antoniads et al,1994);将小波光滑成功地应用到半参数模型中对 f 和 g 的估计,也得到了一些重要的大样本性质(柴根象 等,1999);把小波光滑和偏残差法结合在一起并综合最小二乘法(潘雄,2003),得到了 f 和 g 的小波估计的统计量 $\hat{f}$ 和 $\hat{g}$;数学界对半参数回归模型的小波估计的强逼近、误差分布小波估计的渐近理论、弱相合速度、随机加权逼近速度、局部多项式估计的渐近性质、误差为NA序列时的 R 阶矩相合性、随机删失半参数回归模型小波估计的渐近性等性质(刘元金 等,1999;陈敬雨 等,1999;钱伟民 等,2000;徐初斌 等,2000;施云驰 等,2001;薛留根,2003;潘雄 等,2004;潘雄,2006)作了详尽的研究;小波在非参数统计中也得到一定的应用(Hardle et al,1998);研究了概率密度函数的小波估计和非参数回归函数的小波估计;对强相关函数(Hall et al,1995,1996a;Donoho et al,1995,1996,1998),研究了非参数回归函数的小波估计(Johnstone et al,1997;Johnstone,1999),证明了估计量达到最优收敛率,提出了它的小波估计量,并且得到了它的均方误差的近似展开表达式。以上成果,从数学理论上给予了严格的证明,为应用研究提供了理论保证。但在现代测量数据处理方面尚未得到很好的应用。

在现代大地测量信号特征信息分析方面,小波分析理论及应用取得了丰富的研究成果。将小波应用于重力潮汐参数精确确定、地球自转极移变化及 ENSO 周期分析与预测等(柳林涛,1999);利用小波分析法检测 GPS 相位观测值整周跳变(Johnstone et al,1997);利用小波分解不同层次间、信号之间等均具有一定的相关性以及 GPS 信号在传播过程中受到多种因素的影响,不同的因素呈现出一定的周期性等特点,提取信号特征(伍法权 等,1996;郭际明,2001;黄声享,2001;黄全义,2001;黄丁发 等,2001;邱建丁 等,2002;黄声享 等,2002,2003;Satirapod et al,2003;宁津生 等,2004;文鸿雁,2004;Duan et al,2005);利用小波分析方法分析处理变形数据中周期性信号(Johnstone,1999)、GPS 信号多路径误差(黄丁发 等,1997)、相位周跳检测(黄丁发 等,2001;郑作亚,2005)、信号去噪(Stanley et al,1984;Sweldens,1997;孙才新 等,1999;杨晓艺 等,2000;荆晓远 等,2000;欧阳森 等,2003;段晨东 等,2004)等;将小波分析和分形理论有机结合,运用小波变换对信号进行分解,再用分维数对信息分类与识别(郑兆苾 等,1994;李强,1999;李水根 等,2002;李建平,2004;谢平 等,2005)。目前,这些研究成果在一定程度上提高了数据处理的精度,取得了良好的效果,对误差分析理论与方法起到了积极的推动作用。但在现代大地测量中,观测条件越来越复杂,要求的精度越来越高,强背景噪声下信号的提取、混叠误差识别与分离、粗差定位等问题尚未得到很好解决。

总结以上分析,以往大地测量信号小波分析存在以下不足:

(1)大多采用 2 带小波进行信号估计,存在有用信号损失,信号估计精度有待提高。

(2)信号中的特征信息的存在性及其分离、提取方法需进一步研究和完善。

(3)经典相关性只能指出两个信号都在时域内平移时的相关度,而在时频两域内的局部相关性分析有待研究和发展。

本书研究工作结构图如图 1.1 所示。

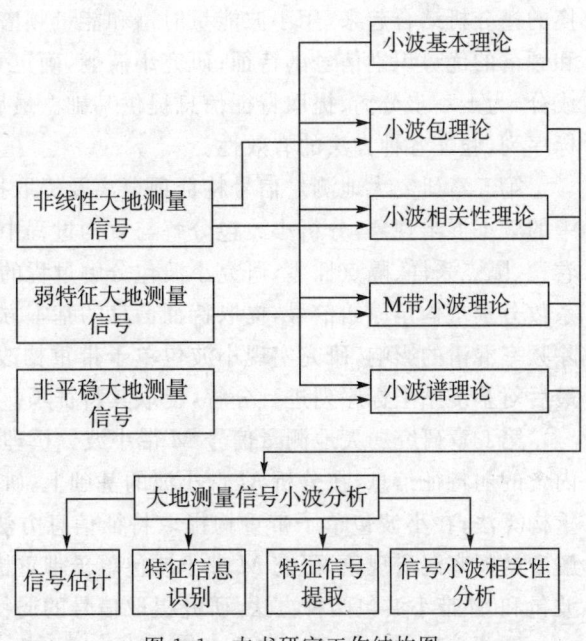

图 1.1 本书研究工作结构图

§1.4 本书研究的主要内容

本书针对非线性大地测量信号估计及特征信息识别与提取等问题,展开了深入的研究,主要内容如下:

第 1 章综述了大地测量数据处理的理论与方法。阐述了小波分析理论及应用的研究现状,总结了小波分析的特点,分析了小波分析理论在大地测量数据处理中的应用研究现状及发展,最后指出其不足,在此基础上提出了本书研究的思路、研究内容。

第 2 章研究小波基本理论。对希尔伯特空间基本理论进行简要回顾,介绍了最佳逼近问题;在分析傅里叶变换的基础上,系统地分析了小波的概念、连续小波变换、离散小波变换、小波多分辨率分析、正交小波变换、小波包变换等问题;对傅里叶分析、小波多分辨率分析、小波包分析特点进行了对比。

第 3 章研究非线性大地测量信号小波包估计理论与方法。分析大地测量信号小波包估计方法,研究系统性干扰和突变性干扰的小波包估计;对 Penalty 阈值小波包估计进行改进,并通过实例验证改进的效果;考虑大地测量信号非平稳、随机性特点,结合逼近论,研究基于 Schur 凹花费函数自适应小波包估计。

第 4 章研究非平稳大地测量信号特征信息小波识别理论与方法。针对大地测量信号非平稳性,分析傅里叶谱分析和功率谱分析的特点,将小波变换和傅里叶变换的谱分析结合起来,用小波能量时谱和能量频谱分析信号的特征,发挥能量时谱和频谱的优势识别信号的特征;研究小波熵,确定大地测量信号的主要复杂过程或成分,为下一步分离、提取特征信息提供基础。最后结合仿真实例和山东基准站坐标序列,验证各种方法的有效性。

第 5 章研究大地测量信号特征项分离及提取技术和方法。针对大地测量信号中的频率混淆现象,分析小波包分解与重构过程中的三个基本运算:与小波滤波器卷积、隔点采样、隔点插零,研究小波包分解过程的特点、规律及将各子带上的小波系数分别重构至原始信号,提取特征信息的基本方法;采取相应改进措施减弱或消除频率混淆的影响,研究实现小波包单子带重构改进算法,提取周期项特征信息。最后对基准站坐标序列进行分解,提取其特征项。

第 6 章研究弱大地测量信号 M 带小波分析理论与方法。针对大地测量信号中内含的弱特征信息,在分析 M 带小波的基础上,研究 M 带小波包理论及其分解与重构算法;在小波包单子带重构提取特征信息方法的基础上,分析 M 带小波包分解中的频率混淆现象,研究 M 带小波包单子带重构的特征提取技术,对比、分析小波包和 M 带小波包两种方法,研究提取信号的弱特征信息有效性。

第 7 章研究大地测量信号有理小波分析方法。在分析经典小波、小波包、M 带小波基础上,针对实际的大地测量信号中的特征信息对应的频带可能不均匀,研究有理多分辨率分析及有理塔形分解与重构算法,选用正交有理小波基,使信号的尺度因子具有更好的适用性;研究有理小波包及其分解与重构算法,提高信号分解的分辨率,进一步减少信号的损失,以适用于含有非等间隔频带划分的大地测量信号估计。

第8章研究大地测量信号小波相关性分析理论与方法。针对两列非平稳大地测量信号,在分析两列信号经典相关性的基础上,研究小波相关性,分析在时频两域内分析两列大地测量信号的相似程度;在分析相干性函数的基础上,研究小波相干性,分析两列大地测量信号在不同频率、不同时间分辨率下的线性相关程度;在分析相位相干性的基础上,研究小波相位相干性,比较两列大地测量信号间的相位变化关系。结合仿真实例和山东基准站坐标序列,验证各种方法的有效性。

§1.5 本章小结

本章首先综述了测量数据处理理论与方法,总结分析了参数估计、半参数估计等传统大地测量数据处理方法,指出了现有方法的局限性;其次,论述了小波分析理论研究与应用方面进展及其在测绘领域的研究现状,对小波在大地测量信号处理方面的国内外研究的成果进行了分析,指出了目前研究成果存在的问题;最后,给出了本书研究的主要内容。

第 2 章 希尔伯特空间与小波分析原理

希尔伯特空间理论已广泛地应用于许多学科和学科分支,例如量子力学、概率论、傅里叶分析、调和分析等学科。小波分析理论也是基于希尔伯特空间的。希尔伯特空间理论具有启发性、思想性和框架性等特点,是大地测量信号小波分析与处理的基础。

本章在希尔伯特空间基本理论的基础上,引出本书研究涉及的基本数学理论与原理,旨在统一的理论框架下对小波分析及其非线性估计、特征信息识别与分析等问题进行探讨。在此基础上,本章重点对小波和小波包分析的原理与方法进行分析和研究。

§2.1 希尔伯特空间理论

欧氏空间对研究线性方程组发挥了很大的作用,类似的,许多问题可以放到无穷维空间中去考虑,使它变为无穷多个方程的线性方程组问题,这就是德国数学家希尔伯特研究积分方程时的想法。

2.1.1 希尔伯特空间

1. 内积空间

定义 2.1 设 X 为数域 K 上的线性空间,若对于所有的 $x,y \in X$,存在 K 中唯一确定的数与之对应,记为 $\langle x,y \rangle$,若 $\langle \cdot, \cdot \rangle : X \times X \to K$ 满足

(1) $\langle x,x \rangle \geqslant 0$,且 $\langle x,x \rangle = 0$,当且仅当 $x = 0$;

(2) $\langle \alpha x + \beta y, z \rangle = \alpha \langle x,z \rangle + \beta \langle y,z \rangle$;

(3) $\langle x,y \rangle = \overline{\langle y,x \rangle}$,其中 $\overline{\langle y,x \rangle}$ 是 $\langle y,x \rangle$ 的共轭复数。

则称 $\langle x,y \rangle$ 是 x 与 y 的内积,称此线性空间 X 为内积空间。当 K 取实数时,X 称为实内积空间;当 K 取复数时,X 称为复内积空间。

内积空间由欧几里得空间抽象而来,其中,内积构造中涵盖了长度、角度、垂直、投影等几何概念,内积构造是这些几何概念的精炼。

2. 希尔伯特空间

定义 2.2 设 X 为内积空间,对于任意的 $x \in X$,$\|x\| = \sqrt{\langle x,x \rangle}$ 称为向量 x 的模或 x 的范数,$\|\cdot\| : X \to \mathbf{R}$ 称为内积导出的范数,$\mathbf{R}$ 是实数集。

命题 2.1 设 X 为内积空间,$\|\cdot\|$ 是内积导出的范数,则具有以下性质:

(1) 非负性,即 $\|x\| \geqslant 0$,且 $\|x\| = 0$,当且仅当 $x = 0$;
(2) 对于任意的 $\alpha \in K, x \in X, \|\alpha x\| = |\alpha| \|x\|$;
(3) $\|x + y\| \leqslant \|x\| + \|y\|$;
(4) $|\|x\| - \|y\|| \leqslant \|x - y\|$。

设 X 为内积空间,对于任意的 x、$y \in X$,定义度量
$$\rho(x, y) = \|x - y\| = \sqrt{\langle x - y, x - y \rangle}$$
则 (X, ρ) 是度量空间,并称 ρ 是内积导出的度量。

定义 2.3 设 X 为内积空间,若 X 按内积导出的度量空间是完备的(简称"内积完备"),则称 X 为希尔伯特空间。

希尔伯特在研究积分方程时,函数按某个标准正交基展开,系数构成的数列在 $L^2[a,b]$ 中,其中 $[a,b]$ 是函数的定义域,为了纪念希尔伯特这一重要思想,将完备的内积空间称为希尔伯特空间。

定义 2.4 设 f 为 $[a,b]$ 上的复函数,若 $\int_a^b |f(x)|^2 \mathrm{d}x < \infty$(下面积分是指勒贝格意义下的积分),称 f 是 $[a,b]$ 上 L^2 可积函数,$[a,b]$ 上 L^2 可积函数的全体记做 $L^2[a,b]$。$L^2[a,b]$ 是线性空间,其中元素的加法和数乘为通常意义下函数的加法和数乘,几乎处处相等的函数看做同一函数。对于 $f, g \in L^2[a,b]$,定义 $\langle f, g \rangle = \int_a^b f(x) \overline{g(x)} \mathrm{d}x$ 为 L^2 可积函数集 $L^2[a,b]$ 上的内积,则 $L^2[a,b]$ 为一完备内积空间。式中,$\overline{g(x)}$ 为 $g(x)$ 的共轭。

2.1.2 希尔伯特空间的正交基

下面对希尔伯特空间中正交、投影、正交基等重要概念进行介绍。

1. 投影定理

定义 2.5 设 X 为内积空间,若 $\langle x, y \rangle = 0$,则称 x 与 y 正交,记做 $x \perp y$;设 M 和 N 是 X 的两个子集,如果对于任意的 $x \in M$、$y \in N$,都有 $x \perp y$,则称 M 和 N 是正交的,记做 $M \perp N$。

设 $M \subset X$,集合 $\{x | x \perp M\}$ 称为 M 的正交补,记做 $M^\perp$。

定理 2.1(投影定理) M 是希尔伯特空间 H 的闭子空间,若对于任意的 $x \in H$ 都可以唯一分解成 $x = x_1 + x_2$,其中 $x_1 \in M, x_2 \in M^\perp$,则称 x_1 为 x 在 M 上的投影。

定义 2.6 设 M_1、M_2 为希尔伯特空间 H 的子空间,若 $M_1 \perp M_2$,则称子空间
$$\{x_1 + x_2 | x_1 \in M_1, x_2 \in M_2\}$$
为 M_1 与 M_2 的直和,记为 $M_1 \oplus M_2$。

2. 希尔伯特空间的正交基和框架

笛卡儿创立了直角坐标系,这在数学史上是划时代的。牛顿说他自己"站到了

巨人的肩膀上",所谓的"巨人"就是指笛卡儿,由此足以见证直角坐标系的重要作用,它在无穷维空间中同样重要。

1) 正交基

定义 2.7 设 $M \subset X$ 是由非零元素组成的集合,对于任意 x、$y \in M, x \neq y$,都有 $\langle x, y \rangle = 0$,则称 M 为 X 的一个正交集;如果对任意的 $x \in M$,满足 $\|x\| = 1$,则称 M 为 X 的标准正交集。

定义 2.8 设 M 为内积空间 X 的标准正交集,$e \in M, x \in X$,则称 $\langle x, e \rangle$ 为元素 x 关于 e 的傅里叶系数。

定理 2.2 设 $\{e_1, e_2, \cdots, e_n\}$ 是内积空间 X 的标准正交集,M 表示由 $\{e_1, e_2, \cdots, e_n\}$ 张成的闭线性子空间,则对于任意的 $x \in X$,有

(1) x 在 M 上的投影为 $x_0 = \sum\limits_{i=1}^{n} \langle x, e_i \rangle e_i$;

(2) $\|x_0\|^2 = \sum\limits_{i=1}^{n} |\langle x, e_i \rangle|^2$;

(3) $\|x\|^2 = \|x_0\|^2 + \|x - x_0\|^2$。

定义 2.9 设 M 为内积空间 X 的标准正交集,若 $x \perp M$,就有 $x = 0$,则称 M 为 X 中的完全标准正交集,也称标准正交基。

定理 2.3 设 $E = \{e_1, e_2, \cdots, e_n\}$ 是希尔伯特空间 H 中的标准正交基,则下面 4 个条件是等价的:

(1) E 为 H 的标准正交基;

(2) 对于任意 $x \in H, x = \sum\limits_{n=1}^{\infty} \langle x, e_n \rangle e_n$;

(3) 对于任意 $x \in H$,Parseval 等式成立,即 $\|x\|^2 = \sum\limits_{n=1}^{\infty} |\langle x, e_n \rangle|^2$;

(4) 对于任意 x、$y \in H, \langle x, y \rangle = \sum\limits_{n=1}^{\infty} \langle x, e_n \rangle \overline{\langle y, e_n \rangle}$。

2) 框架

框架概念是 Duffin 和 Schaeffer 在 1952 年提出的,它是对标准正交基概念的推广。在希尔伯特空间 H 中函数族 $M = \{x_n, n \in \mathbf{N}\}$,如果存在常数 A 和 B,且 $0 < A < B < \infty$,对所有的 $x \in M$,存在

$$A\|x\|^2 \leqslant \sum_{i=1}^{\infty} |\langle x, x_i \rangle|^2 \leqslant B\|x\|^2 \tag{2.1}$$

称 M 为 H 中的一个框架,A 和 B 称为框架界。特别地,当 $A = B$ 时,称为紧框架,即

$$\sum_{i=1}^{\infty} |\langle x, x_i \rangle|^2 = A\|x\|^2 \tag{2.2}$$

如果 $A = B = 1$,则
$$\sum_{i=1}^{\infty} |\langle x, x_i \rangle|^2 = \|x\|^2 \tag{2.3}$$

框架是标准正交基概念的推广。与标准正交基相比,框架具有自由灵活的特点。例如,在小波变换中,当基本小波函数 $\Psi(t)$ 经伸缩或平移构造新函数族时,小波框架的概念自然产生并得到广泛应用。

2.1.3 傅里叶分析与小波分析

1. 傅里叶分析

在 $L^2[0, 2\pi]$ 空间中,其内积定义为
$$\langle f, g \rangle = \int_0^{2\pi} f(x) \overline{g(x)} \mathrm{d}x$$

式中,$f \text{、} g \in L^2[0, 2\pi]$,则三角函数族 $\dfrac{1}{\sqrt{2\pi}}$,$\dfrac{1}{\sqrt{\pi}} \cos x$,$\dfrac{1}{\sqrt{\pi}} \sin x$,$\cdots$,$\dfrac{1}{\sqrt{\pi}} \cos nx$,$\dfrac{1}{\sqrt{\pi}} \sin nx \cdots$ 是标准正交基,而且 $\left\{ \dfrac{1}{\sqrt{2\pi}} e^{inx} \mid n = 0, \pm 1, \pm 2 \cdots \right\}$ 是另一个标准正交基。

在经典的傅里叶分析中,若设 $a_0, a_1, \cdots, a_n, b_1, b_2, \cdots, b_n (n = 1, 2 \cdots)$ 为 $f(x)$ 三角级数展开的傅里叶系数,则
$$a_0 = \frac{1}{2\pi} \int_0^{2\pi} f(x) \mathrm{d}x = \frac{1}{\sqrt{2\pi}} \langle f, \frac{1}{\sqrt{2\pi}} \rangle$$
$$a_n = \frac{1}{\pi} \int_0^{2\pi} f(x) \cos nx \, \mathrm{d}x = \frac{1}{\sqrt{\pi}} \langle f, \frac{1}{\sqrt{\pi}} \cos nx \rangle$$
$$b_n = \frac{1}{\pi} \int_0^{2\pi} f(x) \sin nx \, \mathrm{d}x = \frac{1}{\sqrt{\pi}} \langle f, \frac{1}{\sqrt{\pi}} \sin nx \rangle$$

2. 小波分析

小波分析与希尔伯特空间中的内积、正交基、正交投影等概念紧密相关。对于平方可积实函数空间 $L^2(\mathbf{R})$,当子空间选为小波子空间时,就构成了函数的小波变换。小波变换分为三种形式:连续小波变换、小波级数展开和离散小波变换。在理论分析中主要采用连续小波变换。

对于实函数 $\varphi(t)$,当其定义域是紧支撑,且均值及高阶矩均为零时,则称 $\varphi(t)$ 为基小波。对 $\varphi(t)$ 进行平移和伸缩可得一个小波基函数集
$$\left\{ \varphi_{a,b}(t) \,\bigg|\, \varphi_{a,b}(t) = a^{-\frac{1}{2}} \varphi\left(\frac{t-b}{a}\right), a > 0, a \text{、} b \in \mathbf{R} \right\}$$

对于函数 $f(t) \in L^2(\mathbf{R})$,其小波变换为
$$f_{\mathrm{WT}}(a, b) = \langle f, \varphi_{a,b} \rangle$$

其反变换为

$$f(t) = \frac{1}{C_\varphi} \int_0^{+\infty} \int_0^{+\infty} f_{\mathrm{WT}}(a,b) \varphi_{a,b}(t) \mathrm{d}a \mathrm{d}b$$

式中

$$C_\varphi = \int_0^{+\infty} \frac{|\Psi(\omega)|^2}{|\omega|} \mathrm{d}\omega$$

$$\Psi(\omega) = \int_{-\infty}^{+\infty} \varphi(t) \mathrm{e}^{-\mathrm{i}\omega t} \mathrm{d}t$$

式中，ω 是频率变量。

小波分析是一种时间—尺度分析，在多分辨率分析中，它将实空间 $L^2(\mathbf{R})$ 按分辨率 2^i 先分解成一串嵌套闭子空间 $\{V_i\}_{i\in \mathbf{z}}$，然后通过正交补塔式分解，将 $L^2(\mathbf{R})$ 分解成一串正交小波子空间 $\{W_i\}_{i\in \mathbf{z}}$，最后将 $f(t) \in L^2(\mathbf{R})$ 分别投影分解到不同分辨率小波子空间 $\{W_i\}_{i\in \mathbf{z}}$ 上进行分析。

2.1.4 最佳逼近问题

定义 2.10 设 M 为希尔伯特空间 H 的闭子空间，对于 $x \in H$，若 $x_0 \in M$ 使得

$$\|x - x_0\| = \inf_{y \in M} \|x - y\|$$

则 x_0 称为 x 在 M 中的最佳逼近元，式中 inf 为下确界，即最大下界。

在希尔伯特空间中，任意关于闭子空间的最佳逼近元唯一存在，即闭子空间投影存在。若 M 为希尔伯特空间 H 的闭子空间，空间 H 可以直角分解为

$$H = M \oplus M^\perp$$

1. 最小二乘逼近

设有 $n+1$ 个变量 $y, x_1, x_2, \cdots, x_n$，其中 y 依赖于其余 n 个变量，其函数关系式 $y = f(x_1, x_2, \cdots, x_n)$ 常用线性函数 $y = \sum_{i=1}^n a_i x_i$ 去逼近它。进行 $m(m>n)$ 次观测，可以得到

$$y^{(1)}, x_1^{(1)}, x_2^{(1)}, \cdots, x_n^{(1)}$$
$$y^{(2)}, x_1^{(2)}, x_2^{(2)}, \cdots, x_n^{(2)}$$
$$\vdots \quad \vdots \quad \vdots \quad \quad \vdots$$
$$y^{(m)}, x_1^{(m)}, x_2^{(m)}, \cdots, x_n^{(m)}$$

在原则上只要测量 $m = n$ 次，就可以定出系数 $a_i(i=1,2,\cdots,n)$。事实上，由于观测误差的存在，需要多余观测，即 $m > n$，这时按下面意义确定 a_i，使

$$\min_{(\lambda_1, \lambda_2, \cdots, \lambda_n)} \sum_{j=1}^m \left| y^{(j)} - \sum_{i=1}^n \lambda_i x_i^{(j)} \right|^2 = \sum_{j=1}^m \left| y^{(j)} - \sum_{i=1}^n a_i x_i^{(j)} \right|^2$$

令

$$Y = \begin{bmatrix} y^{(1)} \\ y^{(2)} \\ \vdots \\ y^{(m)} \end{bmatrix}, \quad X_i = \begin{bmatrix} x_i^{(1)} \\ x_i^{(2)} \\ \vdots \\ x_i^{(m)} \end{bmatrix} \quad (i = 1, 2, 3, \cdots, n)$$

即

$$\min_{(\lambda_1, \lambda_2, \cdots, \lambda_n)} \left\| Y - \sum_{i=1}^{n} \lambda_i X_i \right\|^2 = \left\| Y - \sum_{i=1}^{n} a_i X_i \right\|^2 \tag{2.4}$$

令

$$M = span\{X_1, X_2, \cdots, X_n\}$$
$$H = span\{Y, X_1, X_2, \cdots, X_n\}$$

式中，$span\{\ \}$ 为向量空间。式(2.4)中所描述的问题转化为在 M 中寻找 X_0，使得对于任意 X_i，都有

$$\min_{X_i \in M} \| Y - X_i \| = \| Y - X_0 \| \tag{2.5}$$

式(2.5)是最佳逼近问题的一种描述。

2．平方均匀逼近

在函数逼近论中，对于函数 $f \in L^2[a,b]$，要求用 n 个 $L^2[a,b]$ 函数 $\varphi_1, \varphi_2, \cdots, \varphi_n$ 的线性组合在平方意义下最佳逼近，即求系数 $a_1, a_2, \cdots, a_n$，使得

$$\min_{(\lambda_1, \lambda_2, \cdots, \lambda_n)} \int_a^b \left| f(x) - \sum_{i=1}^n \lambda_i \varphi_i(x) \right|^2 \mathrm{d}x = \int_a^b \left| f(x) - \sum_{i=1}^n a_i \varphi_i(x) \right|^2 \mathrm{d}x$$

令

$$H = L^2[a,b]$$
$$M = span\{\varphi_1, \varphi_2, \cdots, \varphi_n\}$$
$$\varphi = a_i \varphi_i(x)$$

上面的问题等价于寻找 $\varphi \in M$，使得

$$\min_{\varphi_i \in M} \| f - \varphi_i \| = \| f - \varphi \|$$

3．最佳逼近问题的解

最小二乘逼近和平方均匀逼近都可以归结为求希尔伯特空间中元素在有限维线性子空间上的投影。对于子空间

$$M = span\{x_1, x_2, \cdots, x_n\}$$

对于 $x \in H$，由投影定理可得

$$x = y_0 + z$$

式中，$y_0 \in M, z \in M^\perp$。y_0 称为 x 关于 M 的最佳逼近元，即求 $y_0 \in M$ 使得

$$\| x - y_0 \| = \min_{w \in M} \| x - w \|$$

设 $y_0 = \sum_{i=1}^{n} a_i x_i$,若 y_0 称为 x 的最佳逼近,则有 $x - y_0 \perp M$,即

$$\langle x - \sum_{i=1}^{n} a_i x_i, x_k \rangle = 0 \quad (k=1,2,\cdots,n)$$

由内积定义可得

$$\langle \sum_{i=1}^{n} a_i x_i, x_k \rangle = \langle x, x_k \rangle$$

§2.2 傅里叶变换

法国数学家傅里叶于1822年提出并证明了将周期函数展开为正弦级数的原理,奠定了傅里叶分析的理论基础。傅里叶分析在众多科学领域有着广泛应用,特别是在信号处理、图像处理、量子物理等领域。通常傅里叶分析是指积分傅里叶变换和傅里叶级数。传统信号分析以经典傅里叶变换为基础。

傅里叶分析通过将信号正交分解到一族三角函数或复指数函数上,揭示信号内在的频率特性以及信号时间特性与其频率特性之间的密切关系,从而可导出信号的频谱、带宽以及滤波、调制等重要概念。

2.2.1 连续傅里叶变换

对于函数 $f(t) \in L^1(\mathbf{R})$,其连续傅里叶变换(continuous Fourier transform, CFT)为

$$F(\omega) = \int_{-\infty}^{+\infty} e^{-i\omega t} f(t) dt \quad (2.6)$$

其中,$L^1(\mathbf{R}) = \left\{ f(t) \mid \int_{-\infty}^{+\infty} |f(t)| dt < \infty \right\}$,i 是虚数单位,$\omega$ 是频率变量。

$F(\omega)$ 的连续傅里叶逆变换(inverse continuous Fourier transform, ICFT)为

$$f(t) = \frac{1}{2\pi} \int_{-\infty}^{+\infty} e^{i\omega t} F(\omega) d\omega \quad (2.7)$$

傅里叶变换具有唯一性、可逆性,可由 $F(\omega)$ 重构 $f(t)$,函数 $f(t)$ 和 $F(\omega)$ 称做一个傅里叶变换对。并非任意函数的傅里叶变换都存在。

2.2.2 离散傅里叶变换

离散傅里叶变换(discrete Fourier transform, DFT)在有限长序列傅里叶变换理论中相当重要,而且存在着计算离散傅里叶变换的快速算法,因而离散傅里叶变换在各种数字信号处理的算法中起着核心的作用。此外,为了计算傅里叶变换,需要用数值积分,取 $f(t)$ 在 $\mathbf{R}$ 上的离散点上的值来计算这个积分。在实际应用中,观测信号在时域和频域上是离散的,且有限长(Wong,1997;Khaled et al,2005)。

对于实数或复数离散时间序列 $f_0, f_1, \cdots, f_{N-1}$,若满足 $\sum_{n=0}^{N-1}|f_n|<\infty$,则称

$$X(k) = F(f_n) = \sum_{n=0}^{N-1} f_n \mathrm{e}^{-\mathrm{i}\frac{2\pi k}{N}n} \quad (k=0,1,\cdots,N-1) \tag{2.8}$$

为序列 $\{f_n\}$ 的离散傅里叶变换,称

$$f_n = \frac{1}{N}\sum_{k=0}^{N-1} X(k) \mathrm{e}^{\mathrm{i}\frac{2\pi k}{N}n} \quad (n=0,1,\cdots,N-1) \tag{2.9}$$

为序列 $\{X(k)\}$ 的逆离散傅里叶变换(iverse discrete Fourier transform,IDFT)。

2.2.3 短时傅里叶变换

离散傅里叶变换的核函数 $\mathrm{e}^{-\mathrm{i}\frac{2\pi k}{N}n}$ 在时域内是无限的,为了计算 $F(\omega)$,必须在信号整个持续时间内积分。为了获取信号某一特定频率分量信息,必须知道信号在整个时间过程中的变化信息。为了提取信号的局部特征,例如变形信号在某一时刻的频率、形变突发位置等,1946 年 Gabor 提出了短时傅里叶变换(short time Fourier transform,STFT),即 Gabor 变换,也称加窗傅里叶变换。

Gabor 变换的基本思想为:取时间函数 $g(t) = \pi^{-\frac{1}{4}} \mathrm{e}^{-\frac{t^2}{2}}$ 作为窗口函数,用 $g(t-\tau)$ 同待分析函数相乘,τ 是时间延迟,然后再进行傅里叶变换,即

$$G_f(\omega,\tau) = \int_{\mathbf{R}} f(t)g(t-\tau)\mathrm{e}^{-\mathrm{i}\omega t}\mathrm{d}t = \langle f(t), g_{\omega,t}(t)\rangle \tag{2.10}$$

其中

$$g_{\omega,t}(t) = \overline{g(t-\tau)\mathrm{e}^{-\mathrm{i}\omega t}} = g(t-\tau)\mathrm{e}^{\mathrm{i}\omega \pi} \tag{2.11}$$

为窗口函数 $g(t)$ 的窗口傅里叶变换或 Gabor 变换。式中,τ 是时间延迟,窗口函数 $g(t)$ 起着时限作用,$\mathrm{e}^{\mathrm{i}\omega t}$ 起着频限作用。该变换具有不变化宽度 $2\Delta_g$(由时间宽度决定)和不变的窗口面积 $4\Delta_g\Delta_{\hat{g}}$,随着时间 t 的变化,"时间窗"在 t 轴上移动,使信号"逐渐"被分析,表征了信号在$[t-\delta, t+\delta]$、$[\omega-\varepsilon, \omega+\varepsilon]$ 区域内的状态。一般将该区域称为窗口,δ 和 ε 分别称为窗口的时宽和频宽。窗宽越小,分辨率越高,局部时频分析效果越好。δ 和 ε 乘积满足海森堡测不准原理,即

$$\delta \cdot \varepsilon \geqslant \frac{1}{2}$$

海森堡测不准原理表明,高时间分辨率和高频率分辨率不可能同时存在,即通过牺牲时间分辨率获取高频率分辨率,或通过牺牲频率分辨率提高时间分辨率。

§2.3 小波变换

小波变换由法国科学家 Morlet 于 1980 年在进行地震数据分析时提出,可解决时频局部化问题(Daubechies,1992;Wong,1997;张正禄,2001;刘根友,2004)。

小波分析是近 20 年来迅猛发展起来的一门新兴的交叉性学科,已广泛应用于数值分析、信号处理、图像处理、量子理论、地震勘探、语音识别、计算机视觉、CT 成像、机械故障诊断等领域,小波理论被认为是对傅里叶分析的重大突破。

短时傅里叶变换虽然在一定程度上弥补了标准傅里叶变换的局部分析能力,但时频局部化并不彻底,且短时傅里叶变换为单一分辨率分析。

对于 $\varphi(t) \in L^2(\mathbf{R})$,其傅里叶变换为 $F(\omega) = \int_{-\infty}^{+\infty} \varphi(t) \mathrm{e}^{-\mathrm{i}\omega t} \mathrm{d}t$,若 $F(\omega)$ 满足

$$\int_{-\infty}^{+\infty} \frac{|F(\omega)|^2}{|\omega|} \mathrm{d}\omega < \infty \tag{2.12}$$

则 $\varphi(t)$ 称为基本小波函数或小波母函数,式(2.12)称为小波函数的可容许性条件。对小波母函数 $\varphi(t)$ 进行平移和伸缩可得一个小波基函数集

$$\left\{\varphi_{a,b}(t) \mid \varphi_{a,b}(t) = a^{-\frac{1}{2}} \varphi\left(\frac{t-b}{a}\right), a > 0, a \in \mathbf{R}, b \in \mathbf{R}\right\}$$

称 $\varphi_{a,b}(t)$ 为依赖于参数 a 和 b 的小波基函数,其中 a 称为尺度伸缩因子,简称尺度因子;b 称为时间平移因子,简称平移因子。若尺度伸缩因子 a 和时间平移因子 b 连续变化,称 $\varphi_{a,b}(t)$ 为连续小波函数,简称小波。

由式(2.12)可得,若 $F(\omega)$ 在 $\omega = 0$ 处连续,则容许性条件保证 $F(\omega) = 0$,即 $\int_{-\infty}^{+\infty} \varphi(t) \mathrm{d}t = 0$ 表明函数 $\varphi(t)$ 有"波动"的特点。由于 $\varphi(t) \in L^2(\mathbf{R})$,若小波函数 $\varphi(t)$ 在原点附近波动明显,则远离原点将迅速"衰减"为零,整个波动趋于平静,"小波"由此得名。图 2.1 所示为 Morlet 实小波母函数图像。

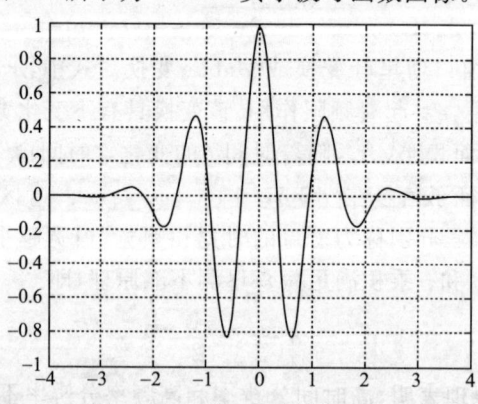

图 2.1 Morlet 实小波母函数

小波变换窗口宽度随频率变化,频率增高时,时间窗口宽度自动变窄,以提高其分辨率,即在低频部分具有较高频率分辨率和较低时间分辨率,而在高频部分具有较高时间分辨率和较低频率分辨率,其特性被誉为"数学显微镜"。小波函数 $\varphi_{a,b}(t)$ 中的尺度因子和平移因子决定了小波变换可以获得函数或信号任意点处的精细结构,也决定了小波变换对非平稳信号具有时频局部化分析能力

(Daubechies,1992;崔锦泰,1995;刘根友,2004)。

2.3.1 连续小波变换

1. 连续小波变换

对于连续小波函数 $\varphi_{a,b}(t)$,函数 $f \in L^2(\mathbf{R})$ 的连续小波变换(continuous wavelet transform,CWT)为

$$f_{\text{CWT}}(a,b) = \langle f, \varphi_{a,b} \rangle = |a|^{-\frac{1}{2}} \int_{-\infty}^{+\infty} f(t) \overline{\varphi\left(\frac{t-b}{a}\right)} \mathrm{d}t \tag{2.13}$$

小波变换也可以度量频谱成分的时频变化。连续小波变换尺度因子 a 决定了时域和频域观测窗大小,平移因子 b 决定了观测窗位置。尺度因子 a 越大,时窗越宽,频窗越窄,且频窗中心向低频方向移动;a 越小,则时窗越窄,频窗越宽,且频窗中心向高频方向移动。

小波变换为"恒 Q 滤波",具有自适应性。小波频率分析随 a 变化有高有低,但在各频段内分析的品质因数 Q 却保持一致,即中心频率与带宽的比值始终不变。现实信号具有高频分量持续时间短而低频分量持续时间长的特点,在时域上要精细分析高频信息,需要提高小波中心频率并压缩时间窗(即提高带宽)(Daubechies,1992;崔锦泰,1995;Philip,1997;刘根友,2004)。

2. 连续小波重构及其性质

小波容许性条件决定连续小波重构公式为

$$f(t) = \frac{1}{C_\varphi} \int_0^{+\infty} \int_0^{+\infty} a^{-2} f_{\text{CWT}}(a,b) \varphi_{a,b}(t) \mathrm{d}a \mathrm{d}b$$

式中,$C_\varphi = \int_0^{+\infty} \frac{|\Psi(\omega)|^2}{|\omega|} \mathrm{d}\omega$。

从连续小波的定义可知,任何信号 f 的连续小波变换 $f_{\text{CWT}}(a,b)$ 是一个关于 a、b 的二元函数,其具体信号的连续小波变换表达式一般相当复杂。下面介绍连续小波的重要性质:

(1)线性。连续小波变换为线性变化,一个函数的连续小波变换等于该函数的分量的变换和。

(2)时移不变性。若 $f(t)$ 的小波变换为 $f_{\text{CWT}}(a,b)$,则 $f(t-b)$ 的小波变换为 $f_{\text{CWT}}(a,t-b)$。

(3)伸缩共变性。若 $f(t)$ 的小波变换为 $f_{\text{CWT}}(a,b)$,则 $f(ct)$ 的小波变换为 $c^{-\frac{1}{2}} f_{\text{CWT}}(ca,cb), c>0$。

(4)自相似性。对应不同尺度伸缩因子 a 和不同时间平移因子 b 的连续小波变换之间是自相似的。

(5)冗余性。连续小波变换中存在信息表述的冗余。这种冗余性主要表现在

以下两个方面:① 连续小波变换恢复原信号的重构公式不是唯一的;② 小波变换的核函数 $\varphi_{a,b}(t)$ 存在许多可能的选择,如它们可以是非正交的小波、正交小波、双正交小波,甚至允许是彼此线性相关的。

不同 (a,b) 间小波变换的相关性增加了分析和解释小波变换结果的难度,而在实际应用中,往往要求小波变换的冗余度应尽可能小。

2.3.2 离散小波变换

连续小波变换具有冗余性,在实际应用中,要求在不丢失原信号信息的前提下,尽可能减少小波变换冗余度。对于连续小波变换,若取尺度 $a = a_0^j (a_0 > 0, j \in \mathbf{Z})$,对 a 进行离散化,对 b 均匀抽样离散化,即 $b = kb_0(k \in \mathbf{Z})$。其中,$b_0$ 应保证能由 $WT_b(j,k)$ 重构出 $\varphi(t)$。$\varphi_{j,k}(t)$ 可表示为

$$\varphi_{j,k}(t) = a_0^{-\frac{j}{2}} \varphi[a_0^{-j}(t-ka_0^jb_0)] = a_0^{-\frac{j}{2}} \varphi(a_0^{-j}t-kb_0) \tag{2.14}$$

其离散小波变换为

$$f_{\text{DWT}}(a_0^j, kb_0) = \int_{-\infty}^{+\infty} f(t) \overline{\varphi_{a_0^j,kb_0}(t)} \mathrm{d}t \tag{2.15}$$

重构公式为

$$f(t) = C \sum_{-\infty}^{+\infty} \sum_{-\infty}^{+\infty} f_{\text{DWT}}(j,k) \varphi_{j,k}(t) \tag{2.16}$$

式中,C 为与信号无关的常数(符养,2002;樊计昌 等,2006)。

离散小波变换可降低连续小波变换的冗余度,通过在时间—尺度平面上适当选取离散尺度和时移因子对信号进行小波变换。为了保证重构信号及其重构精度,往往对离散化步长参数 a_0、b_0 有一定的要求。

2.3.3 二进小波变换

对于离散小波变换,若取离散栅格 $a_0 = 2, b_0 = 0$,即相当于连续小波仅对尺度因子离散化,平移因子仍然保持连续性,小波函数

$$\varphi_{2^j,b}(t) = 2^{-\frac{j}{2}} \varphi\left(\frac{t-b}{2^j}\right) \tag{2.17}$$

称为二进小波。由于仅对尺度因子进行离散化,二进小波介于连续小波和离散小波之间,具有连续小波变换的时移共变性,在奇异性检测、图像处理方面有着广泛应用(Johnstone et al,1992)。

函数 $\varphi(t) \in L^2(\mathbf{R})$ 为二进小波,若存在常数 A 和 B,当 $0 < A \leqslant B < \infty$,使得

$$A \leqslant \sum_{j=-\infty}^{+\infty} |F(2^{-j}\omega)| \leqslant B$$

几乎处处成立,其中 $F(2^{-j}\omega)$ 为 $\varphi_{2^j,b}(t)$ 的傅里叶变换,上式为二进小波的稳定性

条件。

函数 $f(t) \in L^2(\mathbf{R})$ 的二进小波变换为

$$f_{\mathrm{WT}_{2^j}}(b) = f(t) \cdot \varphi_{2^j,b}(t) = 2^{\frac{j}{2}} \int_{\mathbf{R}} f(t) \varphi\left(\frac{t-b}{2^j}\right) \mathrm{d}t \qquad (2.18)$$

设 $f_{\mathrm{WT}_{2^j}}(b)$ 的傅里叶变换为 $F_{\mathrm{WT}_{2^j}}(\omega)$，由卷积定理得

$$F_{\mathrm{WT}_{2^j}}(\omega) = F(\omega) \cdot 2^{\frac{j}{2}} \mathrm{e}^{-\mathrm{i}\omega t} \varphi(2^j\omega) \qquad (2.19)$$

此时，二进小波的稳定性条件可表述为，对于任意 $f(t) \in L^2(\mathbf{R})$

$$A\|f(t)\|^2 \leqslant \sum_{j \in \mathbf{Z}} \|f_{\mathrm{WT}_{2^j}}(b)\| \leqslant B\|f(t)\|^2 \qquad (2.20)$$

恒成立。

二进小波的重构公式为

$$f(t) = \sum_{j \in \mathbf{Z}} f_{\mathrm{CWT}}(j,b) \varphi_{j,b}(t) = \sum_{j \in \mathbf{Z}} \int CT_{2^j}(b) \widetilde{\varphi}_{2^j,b}(t) \mathrm{d}b \qquad (2.21)$$

式中，$\widetilde{\varphi}_{2^j,b}(t)$ 为 $\varphi_{2^j,b}(t)$ 的对偶框架，其上下界分别为 B^{-1} 和 A^{-1}。

可见，二进小波满足小波母函数的容许性条件，即二进小波为基本小波；二进小波具有冗余性，即二进小波变换系数之间仍存在相关性。

§2.4 多分辨率分析与正交小波变换

离散小波框架仍具有信息冗余性，在数值计算和数据压缩等方面希望冗余度尽可能小。多分辨率分析(也称多尺度分析)由 Mallat 和 Meyer 于 1986 年提出，可将所有正交小波基统一起来，使小波理论产生突破性进展，为正交小波基构造提供了一种简单方法，也为正交小波变换算法提供了理论依据(樊计昌 等，2006)。

2.4.1 正交多分辨率分析

设 $\{V_j\}_{j \in \mathbf{Z}}$ 为 $L^2(\mathbf{R})$ 的闭线性子空间，$\{V_j\}_{j \in \mathbf{Z}}$ 为 $L^2(\mathbf{R})$ 的一个多分辨率分析，若满足条件：

(1)单调性。$V_{j+1} \subset V_j$，对任意 $j \in \mathbf{Z}$ 成立。

(2)逼近性。$\bigcap_{j \in \mathbf{Z}} V_j = \{0\}$，$\overline{\bigcup_{j \in \mathbf{Z}} V_j} = L^2(\mathbf{R})$。

(3)二进伸缩性。$f(t) \in V_j \Leftrightarrow f(2t) \in V_{j+1}$。

(4)平移不变性。对任意 $k \in \mathbf{Z}$，满足 $f(t) \in V_0$，则 $f(t-k) \in V_0 f_j(2^{-\frac{j}{2}}t) \in V_j \Rightarrow f_j(2^{-\frac{j}{2}}t - k) \in V_j(j \in \mathbf{Z})$。

(5)可构造性。存在 $\phi(t) \in V_0$，使得 $\{\phi(2^{-\frac{j}{2}}t - k)\}_{k \in \mathbf{Z}}$ 构成 V_0 的 Riesz 基。其中，$\phi(t)$ 称为该多分辨率分析的尺度函数或父函数。

若 $\{\phi(t-n), n \in \mathbf{Z}\}$ 为 V_0 的标准正交基，称 $\{V_m, m \in \mathbf{Z}\}$ 和 $\phi(t)$ 是一个正

交多分辨率分析。由于 Riesz 基和标准正交基可以互相转换,因此假定 $\{\phi(t-n), n \in \mathbf{Z}\}$ 为标准正交基,将正交多分辨率分析简称为多分辨率分析(崔锦泰,1995)。

若原始信号占据总频带定义为空间 V_{-1},经小波第一级分解,V_{-1} 被分成两个子空间 V_0 和 W_0,V_0 为低频空间,W_0 为细节高频空间;第二级分解 V_0 又被分解为 V_1 低频空间和 W_1 高频空间;以此类推,可得

$$\cdots V_{-1} = V_0 \oplus W_0, V_0 = V_1 \oplus W_1, V_1 = V_2 \oplus W_2, \cdots, V_j = V_{j+1} \oplus W_{j+1} \cdots$$

式中,W_j 反映了 V_{j-1} 空间信号细节高频子空间,V_j 反映空间 V_{j-1} 信号粗略逼近低频子空间。j 值越小空间越大,当 $j \to -\infty$ 时,$V_j \to L^2(\mathbf{R})$,在单调性条件下等价于

$$\bigcup_{j \in \mathbf{Z}} V_j = L^2(\mathbf{R}) \tag{2.22}$$

j 值越大空间越小,当 $j \to \infty$ 时,$V_j \to \{0\}$,在单调性条件下等价于

$$\bigcap_{j \in \mathbf{Z}} V_j = \{0\} \tag{2.23}$$

上述划分保证了空间 V_j 与空间 W_j 正交,且 W_j 间也正交,即

$$V_j \perp W_j, W_j \perp W_i \quad (i \neq j)$$

图 2.2 所示为三层多分辨率分析树结构,多分辨率分析仅对低频部分进行分解,原始信号 S 的多分辨率分析为

$$S = A_3 + D_3 + D_2 + D_1$$

其中,低频部分包含信号总体趋势信息,高频部分包含信号细节信息,层次越多,细节信息越清晰。尺度越大,距离目标越近,信息越丰富;反之,尺度越小,距离越远,信息越少。

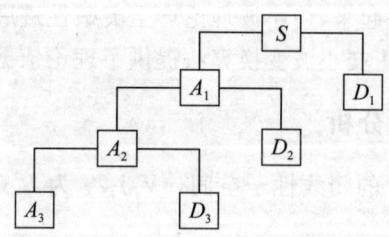

图 2.2 三层多分辨率分析树结构

2.4.2 Mallat 算法及信号重构

多分辨率分析理论对非平稳信号分析尤其重要,非平稳信号频率随时间变化,其低频部分表征信号长周期信息,而高频部分表征信号细节。Mallat 算法提供了信号塔式多分辨率分解与重构算法。

Mallat 算法基本思想为:设 $H_j f$ 为能量有限信号 $f \in L^2(\mathbf{R})$ 在分辨率 2^j 下的近似(即低频部分),则 $H_j f$ 可以进一步分解为 f 在分辨率 2^{j-1} 下的近似 $H_{j-1} f$(通过低通滤波器得到),以及位于分辨率 2^{j-1} 与 2^j 之间的细节 $D_{j-1} f$(通过高通滤波

器得到)之和,分解过程如图 2.3 所示。

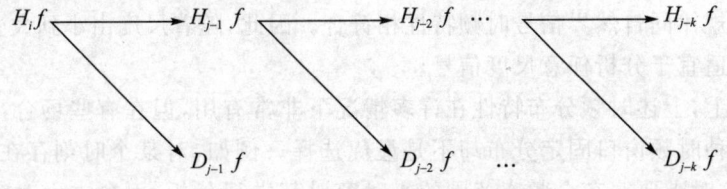

图 2.3 多分辨率分析分解图

小波函数可以由尺度函数 $\varphi(t)$ 线性组合而成,它们满足双尺度方程

$$\left.\begin{array}{l}\varphi\left(\dfrac{t}{2^j}\right)=\sqrt{2}\sum_k h_{0k}\varphi\left(\dfrac{t}{2^{j-1}}-k\right)\\ \Psi\left(\dfrac{t}{2^j}\right)=\sqrt{2}\sum_k h_{1k}\varphi\left(\dfrac{t}{2^{j-1}}-k\right)\end{array}\right\} \quad (2.24)$$

式中,h_{0k}、h_{1k} 为权重系数,即滤波器系数。离散平滑信号

$$a_k^{(j)}=\sum_n h_{0(n-2k)}a_n^{(j-1)} \quad (2.25)$$

离散细节信号

$$d_k^{(j)}=\sum_n h_{1(n-2k)}a_n^{(j-1)} \quad (2.26)$$

式(2.25)和式(2.26)表示由空间 V_{j-1} 到 V_j、W_j 的分解过程。将以上推导逐级延伸,而且所需分解结构不变,此算法称为 Mallat 算法。

用类似的思路可以逆推重建过程。其基本关系式为

$$a_n^{(j-1)}=\sum_k h_{0(n-2k)}a_k^{(j)}+\sum_n h_{1(n-2k)}d_k^{(j)} \quad (2.27)$$

式中,$a_k^{(j)}$、$d_k^{(j)}$ 是第 j 级离散平滑信号和离散细节信号,$a_n^{(j-1)}$ 是由它们重建得到的第 $j-1$ 级离散平滑信号(成礼智 等,2004)。

§2.5 小波包基本理论

短时傅里叶变换对信号频带划分是线性等间隔的,多分辨率分析可以对信号进行有效的时频分解,但其尺度按二进制变化,即对信号频带进行指数等间隔划分,在高频频率分辨率较差,而低频时间分辨率较差。小波包分析为信号提供一种更精细的分析方法,将频带进行多层次划分,对多分辨率分析没有细分的高频部分进一步分解,并根据被分析信号特征,自适应选择相应频带,使之与信号频谱相匹配,因此小波包具有广泛的应用价值。

2.5.1 小波包基本原理

1. 多分辨率分析与小波包分析

多分辨率分析在小波变换相平面上,随尺度 j 的减小,小波基函数时域窗口宽

度减小,而其频域窗口宽度增大,正交小波变换的小尺度大频窗、大尺度小频窗的时频分布规律同自然界信号时频特性相符合。因此,随着尺度由小到大变化,正交小波变换适宜于分析任意尺度信号。

事实上,上述时频分布特性在许多情况下非常有用,但在有些场合,正交小波变换的这种时频窗口固定分布却不是最优选择。例如,对某个时刻存在单个 δ 脉冲信号,这时需要遍布全频率范围的小时窗对其进行分析,而舍去大时窗分析,在满足海森堡测不准原理的前提下,时频分辨率可达无限高。

对许多问题中仅对某些特定的时间或频率感兴趣,提取其特定时间及频率上的信息,即在特定频率上最大可能地提高频域分辨率,在特定时间上最大可能地提高时间分辨率。正交小波变换多分辨率分解仅对 V_j 空间进行逐级分解,即

$$V_0 = V_1 \oplus W_1 = V_2 \oplus W_2 \oplus W_1 = \cdots$$

而没有对 $W_j(j \in \mathbf{Z})$ 空间进行分解。小波包将 W_j 空间分解,对正交小波变换中随 j 增大而变宽的频谱窗口进一步分割(赵玉宝,2005)。

2. 小波包基本原理

所谓小波包,简单地说就是一个函数族,由其构造出 $L^2(\mathbf{R})$ 的标准正交基库。从此库中可以选出多组标准正交基,前面章节涉及的只是其中一组,因此小波包是小波概念的推广(Johnstone,1992)。

多分辨率分析是按照不同尺度因子 j 把希尔伯特空间 $L^2(\mathbf{R})$ 分解为子空间 $W_j(j \in \mathbf{Z})$ 的直和,即 $L^2(\mathbf{R}) = \underset{j \in \mathbf{Z}}{\oplus} W_j$,$W_j$ 为小波函数 $\varphi(t)$ 的闭包(小波子空间)。若将小波子空间 W_j 按照二进制方式进行频率细分,可提高其频率分辨率(Wong,1997),见图 2.4。

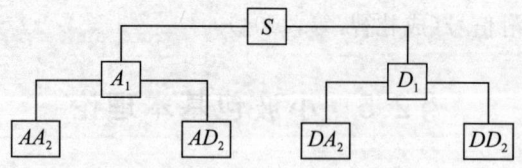

图 2.4 小波包分解图

设正交小波函数 $\Psi(t)$ 和尺度函数 $\varphi(t)$ 满足双尺度方程

$$\left.\begin{aligned}\varphi(t) &= \sqrt{2} \sum_{k \in \mathbf{Z}} h_k \varphi_n(2t-k) \\ \Psi(t) &= \sqrt{2} \sum_{k \in \mathbf{Z}} g_k \varphi_n(2t-k)\end{aligned}\right\}$$

记 $u_0(t) = \varphi(t), u_1(t) = \Psi(t)$,则上式变成

$$\left.\begin{aligned}u_0(t) &= \sqrt{2} \sum_{k \in \mathbf{Z}} h_k \varphi_n(2t-k) \\ u_1(t) &= \sqrt{2} \sum_{k \in \mathbf{Z}} g_k \varphi_n(2t-k)\end{aligned}\right\}$$

令 $u_n(t)$ 满足方程

$$\left.\begin{array}{l} u_{2n}(t) = \sqrt{2}\sum_{k\in \mathbf{Z}} h_k u_n(2t-k) \\ u_{2n+1}(t) = \sqrt{2}\sum_{k\in \mathbf{Z}} g_k u_n(2t-k) \end{array}\right\} \quad (2.28)$$

式中,$g_k = (-1)^k h_{1-k}$,即两系数也具有正交关系。当 $n=0$ 时,可得

$$\left.\begin{array}{l} u_0(t) = \sqrt{2}\sum_{k\in \mathbf{Z}} h_k u_0(2t-k) \\ u_1(t) = \sqrt{2}\sum_{k\in \mathbf{Z}} g_k u_0(2t-k) \end{array}\right\} \quad (2.29)$$

式(2.29)为尺度函数 $u_0(t)$ 与 $u_1(t)$ 的双尺度方程,利用式(2.28)和式(2.29)可得空间分解 $\varphi(t) = u_0(t)(j\in \mathbf{Z}; n\in \mathbf{Z}_+)$。

由式(2.28)和式(2.29)构造序列 $\{u_n(t)\}$ 称为由基函数 $\varphi(t) = u_0(t)$ 确定的小波包(Wong,1997;刘根友,2004;唐晓初,2006)。

若将尺度子空间 V_j 和小波子空间 W_j 用新的子空间统一起来表征,令

$$\left.\begin{array}{l} U_j^0 = V_j \\ U_j^1 = W_j \end{array}\right\} \quad (j\in \mathbf{Z}) \quad (2.30)$$

则希尔伯特空间的正交分解 $V_{j+1} = V_j \oplus W_j$ 即可用 U_j^{2n} 的分解统一为

$$U_{j+1}^0 = U_j^0 \oplus U_j^1 \quad (j\in \mathbf{Z}) \quad (2.31)$$

式中,子空间 U_j^n 为函数 $u_n(t)$ 的闭包空间,而 U_j^{2n} 是函数 $u_{2n}(t)$ 的闭包空间。

小波包分析将信号频带进行多层次划分,对信号提供了更加精细的分析方法,可根据被分析信号特征,自适应地选择相应频段与信号频谱相匹配。在满足海森堡测不准原理下,小波包分析能将信号 $f(t)$ 按任意时频分辨率分解,将信号 $f(t)$ 的时频成分投影到代表不同频段的正交小波包空间 $U_j^n(n=0,1\cdots)$ 上,其中

$$U_j^n = \mathrm{span}\{w_{n,j,k}(t)\} \quad (j\in \mathbf{Z}, k\in \mathbf{Z}) \quad (2.32)$$

3. 小波包性质

1) 平移正交性

若函数族 $\{u_n(t)\}(n\in \mathbf{Z})$ 为标准正交小波基的尺度函数 $u_0(t) = \varphi(t)$ 生成的小波包,则具有平移正交性,即

$$\langle u(t-k), u_n(t-l)\rangle = \delta_{kl} \quad (k,l\in \mathbf{Z}) \quad (2.33)$$

2) u_{2n} 与 u_{2n+1} 的正交关系

u_{2n} 与 u_{2n+1} 间有类似于 φ 和 Ψ 间的正交关系。设函数族 $\{u_n(t)\}(n\in \mathbf{Z})$ 为标准正交小波基的尺度函数 $u_0(t) = \varphi(t)$ 生成的小波包,具有以下正交关系(Johnstone et al,1992)

$$\langle u_{2n}(t-k), u_{2n-1}(t-l)\rangle = 0 \quad (k,l\in \mathbf{Z}; n=0,1,2\cdots) \quad (2.34)$$

2.5.2 小波包空间分解

设 $\{u_n(t)\}(n \in \mathbf{Z})$ 是正交尺度函数 $\varphi(t)$ 的小波包,则 $\langle u_n(t-k), u_n(t-l) \rangle = \delta_{kl}$,即 $\{u_n(t)\}_{n \in \mathbf{Z}}$ 构成 $L^2(\mathbf{R})$ 的标准正交基。设

$$W_j = U_j^1 = U_{j-1}^2 \oplus U_{j-1}^3$$
$$U_{j-1}^2 = U_{j-2}^4 \oplus U_{j-2}^5$$
$$U_{j-1}^3 = U_{j-2}^6 \oplus U_{j-2}^7$$
$$\vdots \quad \vdots \quad \vdots$$

可得到小波子空间 W_j 的各种等价分解

$$\left. \begin{array}{l} W_j = U_{j-1}^2 \oplus U_{j-1}^3 \\ W_j = U_{j-2}^4 \oplus U_{j-2}^5 \oplus U_{j-2}^6 \oplus U_{j-2}^7 \\ \vdots \quad \vdots \quad \vdots \quad \vdots \quad \vdots \\ W_j = U_{j-k}^{2^k} \oplus U_{j-k}^{2^k+1} \oplus \cdots \oplus U_{j-k}^{2^{k+1}-1} \end{array} \right\} \quad (2.35)$$

空间 W_j 的子空间序列可记做

$$\{U_{j-l}^{2^l+m}\} \quad (m = 0, 1, \cdots, 2^l - 1; l = 1, 2, \cdots, j; j = 1, 2 \cdots)$$

子空间序列 $\{U_{j-l}^{2^l+m}\}$ 的标准正交基为 $\{2^{-\frac{(j-l)}{2}} u_{2^l+m}(2^{j-l}t-k); k \in \mathbf{Z}\}$。容易看出,当 $l = 0, m = 0$ 时,子空间序列 $\{U_{j-l}^{2^l+m}\}$ 简化为 $U_j^1 = W_j$,其正交基简化为 $2^{-\frac{j}{2}} \Psi(2^j t - k)$,为标准正交基族 $\{\Psi_{j,k}(t)\}$。若 n 是一个倍频细划分参数,即令 $n = 2^l + m$,小波包可简略记为

$$\Psi_{j,k,n}(t) = 2^{-\frac{j}{2}} \Psi_n(2^j t - k) \quad (2.36)$$

式中, $\Psi_n(t) = 2^{\frac{l}{2}} u_{2^l+m}(2^l t)$。把 $\Psi_{j,k,n}(t)$ 称为具有尺度指标 j、位置指标 k 和频率指标 n 的小波包。与小波 $\Psi_{j,k}(t)$ 相比,小波包除了具有尺度指标 j 和平移指标 k,增加了一个频率参数 $n = 2^l + m$,这使小波包克服了小波高频部分时间分辨率高、频率分辨率低的缺陷。

2.5.3 小波包变换算法

尺度函数 $u_0(t)$ 和小波函数 $u_1(t)$ 是小波包理论的核心,在小波包变换算法中一般不直接采用 $u_0(t)$ 和 $u_1(t)$,而是将尺度函数 $u_0(t)$ 和小波函数 $u_1(t)$ 转换为分解滤波器和重构滤波器。

定义

$$p_k = \sqrt{2} \int_{-\infty}^{+\infty} u_0(t) \overline{u_0(2t-k)} dt$$
$$\overline{p}_k = p_{-k}$$

则小波包变换分解滤波器 H 和 G 为

$$H(k) = \frac{\sqrt{2}}{2}\overline{p}_{-k} \\ G(k) = \frac{\sqrt{2}}{2}(-1)^k p_{1+k} \Bigg\} \quad (2.37)$$

式中，H 为低通滤波器，G 为高通滤波器。小波包变换重构滤波器 h 和 g（Donoho et al, 1994; Donoho, 1995; Bruce et al, 1996; 李延兴, 1996; 夏林元, 2001; 郑建国 等, 2007）为

$$h(k) = \frac{\sqrt{2}}{2} p_k \\ g(k) = \frac{\sqrt{2}}{2}(-1)^k \overline{p}_{1-k} \Bigg\} \quad (2.38)$$

式中，h 为低通滤波器，g 为高通滤波器。

对于信号 $f(t)$，$p_j^i(t)$ 表示第 j 层上的第 i 个小波包，也称为小波包系数，其二进小波包分解算法（Donoho et al, 1994; Donoho, 1995; Bruce et al, 1996; 李延兴, 1996; 夏林元, 2001; 郑建国 等, 2007）为

$$p_0^1(t) = f(t) \\ p_j^{2i-1} = \sum_k H(k-2t) p_{j-1}^i(t) \\ p_j^{2i} = \sum_k G(k-2t) p_{j-1}^i(t) \Bigg\} \quad (2.39)$$

式中，$t = 1, 2, \cdots, 2^{J-j}$；$i = 1, 2, \cdots, 2^j$；$J$ 为最大分解层数。二进小波包分解算法假定所检测的离散信号 $f(t)$ 为 $p_0^1(t)$，信号 $f(t)$ 在第 j 层上共有 2^j 个小波包，第 $2i-1$ 个小波包是第 $j-1$ 层上第 i 个小波包与分解滤波器 H 卷积隔点采样结果；第 $2i$ 个小波包是第 $j-1$ 层上第 i 个小波包与分解滤波器 G 隔点采样结果，其图解如图 2.5 所示。

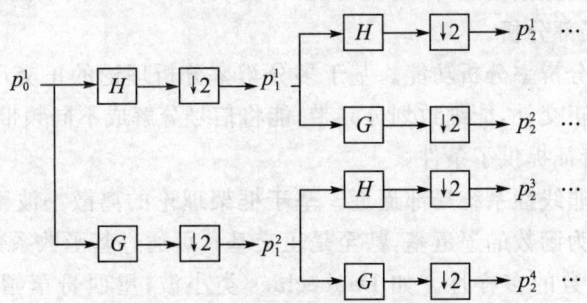

图 2.5　小波包分解算法示意图

H — 与滤波器 H 卷积；G — 与滤波器 G 卷积；$\downarrow 2$ — 隔点采样

二进小波包重构算法（Donoho et al, 1994; Donoho, 1995; Bruce et al, 1996; 李延兴, 1996; 夏林元, 2001; 郑建国 等, 2007）为

$$p_j^i(t) = 2[\sum_k h(t-2k)p_{j+1}^{2i-1}(t) + \sum_k g(t-2k)p_{j+1}^{2i}(t)] \qquad (2.40)$$

式中,$j=J-1,J-2,\cdots,1,0;i=2^j,2^{j-1},\cdots,2,1;J$ 为最大分解层数。二进小波包重构算法为:第 j 层上的第 i 个小波包为两项之和,第一项是第 $j+1$ 层上的第 $2i-1$ 个小波包隔点插零与小波重构滤波器 h 的卷积,第二项是第 $j+1$ 层上的第 $2i$ 个小波包隔点插零与小波重构滤波器 g 的卷积,类推至第 0 层即原始信号的重构信号,其图解如图 2.6 所示。

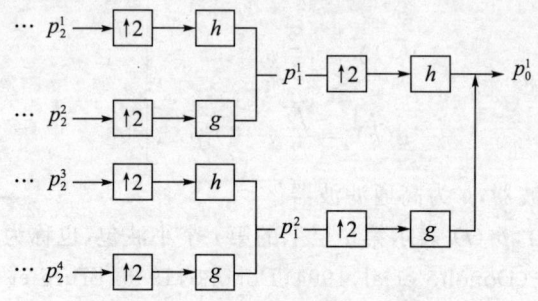

图 2.6 小波包重构算法示意图

$\boxed{h}$ — 与滤波器 h 卷积;$\boxed{g}$ — 与滤波器 g 卷积;$\boxed{\uparrow 2}$ — 隔点插零

§2.6 本章小结

希尔伯特空间理论已广泛地应用于许多学科和学科分支,希尔伯特空间理论具有启发性、思想性、框架性等特点,基于希尔伯特空间理论的小波分析具有:

(1)在时频域具有局部分析功能。传统的傅里叶变换只能对信号进行频域分析,无法突出信号在局部时域的特征,而小波函数能对信号进行时频联合局部分析,且这种分析具有自适应"变焦"功能。分析高频分量时,尺度减小,时窗变窄,中心频率增加;分析低频信号时,尺度增大,时窗变宽,中心频率减小,因而适用于大地测量信号的局部分析。

(2)具有多分辨率分析功能。基于多分辨率分析理论的正交尺度函数和正交小波,两者互为正交补,能细致划分频带,能将信号分解成不同频带上的分量,为深入分析信号的特征提供了条件。

(3)良好的非线性系统局部逼近。基于框架理论的离散小波函数族在满足一定条件下,可作为函数的逼近基,甚至是正交基。可通过基函数系数重构原信号。

(4)小波函数的多样性。如 Daubechies 类小波、墨西哥草帽小波、Gabor 小波、Meyer 小波、样条小波等,研究者可根据大地测量的实际情况选择相应的小波。针对大地测量信号特点,分析研究小波包多分辨率分析及后续的 M 带小波、小波谱及小波相关性等理论,将为大地测量信号估计、噪声估计、混叠误差分析、特征识别与提取、相关性分析等问题提供新的分析方法。

第3章 非线性大地测量信号小波包估计

考虑大地测量信号非平稳、随机性特点,通过分析信号小波包估计理论,改进阈值准则,研究大地测量信号以及系统性干扰和突变性干扰下信号的小波包估计,并结合逼近论,研究自适应小波包估计方法,最后通过实例验证方法的有效性,以期达到良好的估计质量。

§3.1 大地测量信号小波估计

在大地测量系统中,由于受观测条件、观测仪器等诸多因素的影响,所获取的观测时间序列数据中包含了信号和误差(噪声)两部分。对数据进行预处理,有效地消除误差,并估计特征值,分析其规律是大地测量数据分析研究的主要内容之一(郑作亚 等,2003;文鸿雁,2004;薛永安,2006),并广泛应用于变形数据分析。

如第2章所述,利用小波估计信号时,由于仅对低频部分进行分解,高频部分被舍弃。而大地测量信号大多是非线性的,其内涵的信息比较复杂,许多有用信息可能隐藏于高频部分,若按经典二进小波分解与重构,会造成高频部分中的有用信号丢失,从而降低信号估计的精度。而小波包则对低频和高频部分同时进行分解与重构,可以充分利用信号内涵的信息。因此,有必要分析信号小波包估计的基本原理和步骤,研究其阈值选择、最优小波包基的选择等问题,保证信号重构的精度。

小波包阈值估计过程中,为了避免小波系数计算中的边界效应,噪声标准差 σ 的估计是由细节小波系数的绝对值中值计算得到的,是一种鲁棒估计。当信号足够规则,2^1 尺度上的小波系数含有信号的细节都集中在少数小波系数上时,这种处理方式是比较适用的。但 GPS 精密定位受多种因素的影响,由此得到的数据信号是不规则的、非平稳的。因此,有必要估计一个适当的噪声水平,使阈值既能达到消噪的目的,又能保留信号的细节信息。

§3.2 时序信号小波包估计方法

3.2.1 随机噪声的小波包变换特征

加噪信号数学模型为 $f(t) = s(t) + n(t)$,$s(t)$ 是原信号,$n(t)$ 是随机白噪声,满足 $E[n(t)] = 0$ 和 $D[n(t)] = \sigma^2$。设 $\Psi(t)$ 为小波函数,$n(t)$ 的小波包变

换(夏林元,2001;文鸿雁,2004)为

$$W_n(j,t) = n(t) \cdot \Psi_j(t) = \int_R n(t)\Psi_j(t-u)\mathrm{d}u \tag{3.1}$$

$n(t)$ 的小波包系数的期望和方差(夏林元,2001;文鸿雁,2004)分别为

$$\left. \begin{array}{l} E(|W_n(j,t)|^2) = 0 \\ D(|W_n(j,t)|^2) = \dfrac{\sigma\|\Psi(t)\|^2}{j} \end{array} \right\} \tag{3.2}$$

由式(3.2)可以看出,经小波包变换后,白噪声的小波包系数的均值仍为零,但方差为 $\dfrac{\sigma\|\Psi(t)\|^2}{j}$,且其随着尺度 j 的增加,系数幅值逐渐减小。

3.2.2 信号小波包估计的基本原理和步骤

原信号和随机噪声在小波包变换中具有不同的表现性态,即它们的小波包系数幅值随尺度变化的趋势不同,尺度 j 增加,噪声系数的幅值快速衰减,而原信号的系数幅值基本保持不变。根据这一特征,可将信号先进行小波包分解,再设计一门限,将低于该门限的小波包系数置为零,然后将处理后的小波包系数重构回原始信号,从而使信号中的随机噪声得到有效抑制(Donoho et al,1994;夏林元,2001;郑作亚等,2003;文鸿雁,2004;薛永安,2006),达到信号小波包估计的目的。其基本步骤为:

(1)选择小波基并确定最佳分解的层次,对信号进行小波包分解;
(2)对步骤(1)获得的小波包树,选择一定的熵标准,计算最优树;
(3)估计阈值,并应用该阈值对最优树的小波包系数进行阈值量化;
(4)将经量化处理的小波包系数,重构回原始信号。

小波包阈值消噪有两个关键点:①如何估计阈值;②如何利用阈值量化小波包系数。在一定程度上,它们直接关系到信号估计的质量(Donoho et al,1994)。而信号小波包估计中涉及的小波基的选取、最佳分解层次的确定、最优小波包基的选择等对估计质量也有一定的影响。无论是选择最优小波包基还是估计阈值或是选取阈值量化函数等都存在多种准则和方法。

3.2.3 小波基的选取

1. 小波基的选取

在小波包估计中,不同小波基的估计效果是有差别的。选择小波基的标准有正交性、消失矩、正则性、紧支性和对称性等。正交分解和非正交分解的主要差别在于频率的划分。对于给定正交基,其分解是固定的,一般认为基函数的消失矩越高,正则性越好,对光滑信号的表示能力越强。对多数小波族而言,随着滤波器长

度增加,消失矩和正则性越好,但并不意味着滤波器越长越好,有时滤波器超过一定长度,其性能反而下降。紧支集长度越小,对奇异点的区分效果越好。对称性越好,越能保证信号不失真(不产生畸变),越能提高信号的重构精度。

目前,经典小波函数主要有 Haar 小波、Daubechies 小波、Symlets 小波、Meyer 小波、Morlet 小波和墨西哥草帽小波等,这些经典的小波在对称性、紧支性、消失矩、正则性等方面均具有不同的特点。小波基的选择,尚没有固定的选择标准,一般根据信号特征和实际应用效果而定。目前,主要是通过比较不同小波基的分析结果与理论分析结果的偏差的大小来判定小波基的好坏,并由此选定小波基(文鸿雁,2004)。

2. 最优小波包基的选择

小波包基库是由许多小波包基组成的。不同的小波包基具有不同的性质,能够反映信号的不同特性。应用小波包对信号进行分解时,获得的系数之间的差别越大越好。如果只有少数系数的幅值较大,则这少数的系数就代表了信号的特征,如果系数间的差别不大,则很难找出信号的特征(栾元重 等,2000)。因此,寻找一种最优的小波包变换方式,使信号的能量集中在尽可能少的小波包基上是一个重要的问题。一般的,选择一种数学化的准则——"信息代价函数"或称为"熵",来衡量变换的有效性。熵值越小,对应的小波包基越好。

熵需具备可加性,即 $E(0) = 0, E(\{x_k\}) = \sum_k E(x_k)$。设 s 代表信号,用 s_i 代表信号 s 在一个正交小波包基上的投影系数。熵 E 是一个递增的代价函数,即 $E(0) = 0$, $E(s) = \sum_i E(s_i)$。常用的熵有香农熵、p 范数熵、对数能量熵、阈值熵、Sure 熵等。

1)香农熵

约定 $0\log(0) = 0$,则香农熵定义为

$$E(s) = -\sum_i s_i^2 \log(s_i^2)$$

2)p 范数熵

若 $p \geqslant 1$,在 l^p 范数意义上定义 $E(s_i) = |s_i|^p$,则

$$E(s) = \sum_i |s_i|^p = \|s\|_p^p$$

3)对数能量熵

$E(s_i) = \log(s_i^2)$,约定 $0\log(0) = 0$,则有

$$E(s) = \sum_i \log(s_i^2)$$

4)阈值熵

$$E(s) = \begin{cases} 1 & |s_i| > \varepsilon \\ 0 & |s_i| \leqslant \varepsilon \end{cases}$$

式中,ε 是阈值,且 $\varepsilon > 0$。

5) sure(stein unbiased risk estimate)熵

$$E(s_i^2) = -n + A(2+p^2) + B$$

式中，n 为待求熵值序列的长度；p 为阈值，且 $p>0$；A 为序列 s_i^2 中大于 p^2 的元素的数量；B 为序列 s_i^2 中不大于 p^2 的元素之和。

3.2.4 最佳分解层次 J 的确定

分解层次越大，被滤掉的噪声越多，同时信号的失真也越大，所以必须选择一个最佳分解层次 J，在保证信号不失真的前提下，最大程度地滤掉噪声。通过试验，J 一般取 3~5 即可。如果信噪比较大，说明观测值中信号量级比噪声量级大许多，只需取较小的 J 即可滤掉噪声。

由于观测数据的信噪比事先未知，只能估计最佳分解层次 J。采用的估计思想为(文鸿雁，2004)：逐渐增加分解层次，然后根据均方根误差(root mean square error, RMSE)的变化是否趋于稳定来确定最佳分解层次 J。当分解层次 j 依次取 1，2，3… 时，其均方根误差为

$$RMSE(j) = \sqrt{\frac{1}{n}\sum_n [f(n) - \hat{f}_j(n)]^2} \qquad (3.3)$$

式中，$\hat{f}(n)$ 为原信号的小波包系数。然后依次计算出

$$r_{j+1} = \frac{RMSE(j+1)}{RMSE(j)} \qquad (3.4)$$

一般的，总有 $r>1$，当 r 接近于 1 时，一般可认为 $r \leqslant 1.1$，则认为噪声已基本去除。最佳分解层次 J 为使 r 接近于 1 时的 j 或 $j+1$。

3.2.5 阈值选择准则

阈值太小，去噪后的信号仍然有噪声存在；相反，阈值太大，重要的信号特征又将被过滤掉，引起偏差(王军，2004)。从直观上看，对于给定的小波系数，噪声越大，阈值就越大。几种经典的阈值估计准则(Shimizu et al，1996)如下。

1) 通用阈值 T_1 (Sqtwolog 准则)

设含噪信号 $f(t)$ 在尺度 $1 \sim m(m>J)$ 上通过分解得到小波系数的个数总和为 n，J 为二进制尺度参数，附加噪声信号的标准差是 σ，则通用阈值为 $T_1 = \sigma\sqrt{2\ln n}$。该方法的原理是 n 个具有独立同分布的标准高斯变量中的最大值小于 T_1 的概率随着 n 的增大而趋于 1。若被测信号含有独立同分布的噪声时，经小波变换后，其噪声部分的小波系数也是独立同分布的。如果具有独立同分布的噪声经小波分解后，它的系数序列长度很大，则根据上述理论可知：该小波系数中最大值小于 T_1 的概率趋于 1，即存在一个阈值 T_1，使得该序列的所有小波系数都小于它。小波系数随着分解层次的加深，其长度也越来越短，根据 T_1 的计算公式，可知该阈值

也越来越小。因此,在假定噪声具有独立同分布特性的情况下,可通过设置简单的阈值来消除噪声。

2) Stein 无偏风险阈值 T_2（Rigrsure 准则）

它是一种基于 Stein 无偏似然估计(二次方程)原理的自适应阈值选择。对一个给定的阈值 T_2,得到它的似然估计,再将非似然 T_2 最小化,得到所选的阈值,它是一种软阈值估计器。

具体的阈值选择规则为:设 W 为一向量,其元素为小波系数的平方,并按由小到大的顺序排列,即 $W = [w_1, w_2, \cdots, w_n]$,且 $w_1 \leqslant w_2 \leqslant \cdots \leqslant w_n$, n 的含义同上。再设一风险向量 R,其元素为

$$r_i = \left[n - 2i - (n-i)w + \sum_{k=1}^{i} w_k\right]/n \quad (i = 1, 2, \cdots, n)$$

以 R 元素中的最小值 r_b 作为风险值,由 r_b 的下标变量 b 求出对应的 w_b,则阈值 T_2 为

$$T_2 = \sigma \sqrt{w_b} \tag{3.5}$$

3) 启发式的 Stein 无偏风险阈值 T_3（Heursure 准则）

启发式的 Stein 无偏风险阈值是前两种阈值的综合,是一种良好的预测变量阈值选择方法。当满足某一条件时,选取阈值用通用阈值准则,否则,取无偏风险估计准则与通用阈值准则的较小者作为本准则的阈值。如果信噪比很低,估计值中含有较大的噪声时,则采用这种固定的阈值。具体的阈值选取规则为:设 Σ 为 n 个小波系数的平方和,令 $\eta = \dfrac{\Sigma - n}{n}$, $\mu = (\log_2 n)^{\frac{3}{2}} \sqrt{n}$,则

$$T_3 = \begin{cases} T_1 & \eta \leqslant \mu \\ \min(T_1, T_2) & \eta > \mu \end{cases} \tag{3.6}$$

4) 最大最小准则阈值 T_4（Minimax 准则）

该准则采用的也是一种固定阈值,它产生一个最小均方误差的极值。在统计学上,极小极大原理常用来设计估计器,因为去噪信号可以看做与未知回归函数的估计式相似,则极小极大估计量可实现在最坏条件下最大均方误差最小。具体的阈值选取规则为

$$T_4 = \begin{cases} \sigma(0.3936 + 0.1829\log_2 n) & n > 32 \\ 0 & n \leqslant 32 \end{cases} \tag{3.7}$$

式中, $\sigma = \text{middle}(W_{1,k}, 0 \leqslant k \leqslant 2^{j-1} - 1)/0.6745$, n 为小波系数的个数, σ 为噪声信号的标准差。其中, $W_{1,k}$ 表示尺度为 1 的小波系数, σ 的分子部分表示对分解出的第一级小波系数取绝对值后再取中值。(增法力,2005)

5) Birge-Massart 阈值

该阈值通过以下的规则求得:给定一个指定的分解层数 j,对 $j+1$ 以及更高层,所有系数保留;对第 i 层 $(1 \leqslant i \leqslant j)$,保留绝对值最大的 n_i 个系数, $n_i = M(j+$

$2-i)^a$。式中,M 和 α 为经验系数,缺省情况下 $M=L(1)$,也就是第一层。一般情况下,分解后系数的长度 M 满足 $L(1) \leqslant M \leqslant 2L(1)$,$\alpha$ 的取值因用途不同,在压缩情况下一般取 $\alpha=1.5$,降噪情况下 $\alpha=3$。(郑军,2005)

6) Penalty 阈值

采用 Birge-Massart 方法得到阈值,称 Penalty 阈值,表示为

$$T_5 = -\sum_{k \leqslant t} c^2(k) + 2\Sigma^2 t(\alpha + \log(n/t)) \tag{3.8}$$

式中,$c(k)$ 是小波包系数,它是按其绝对值递减的顺序存储的;n 是系数的个数;$\Sigma = Det/0.6745$,Det 为细节小波系数的绝对值中值;α 是调整参数,它必须是大于1的实数,其值越大,降噪信号的小波包表示越稀疏。

设 T^* 是式(3.8)的极小值,那么小波包阈值即为 $c|T^*|$,Σ 值可以是零均值高斯白噪声的标准差,也可以根据第一层高频系数来估计噪声的标准差。

各种不同的阈值估计方法,在处理噪声时各有所长。当信号只有少量的高频稀疏频率成分位于噪声范围之内时,Minimax 准则和 Rigrsure 准则更加保守方便,仅将部分系数置为零,不容易丢失原信号成分。Sqtwolog 准则侧重考虑估计结果的平滑性,结果表现出较大的偏差,而 Birge-Massart 准则能够很好地解决这一问题。Heursure 准则是 Sqtwolog 准则和 Rigrsure 准则的综合,是最优预测变量阈值估计。在实际的应用中要根据信号的特征结合各准则的特点选择最优的阈值估计准则。

3.2.6 仿真试验

在仿真数据(图 3.1)中叠加一定的高斯噪声,叠加后的数据如图 3.2 所示。

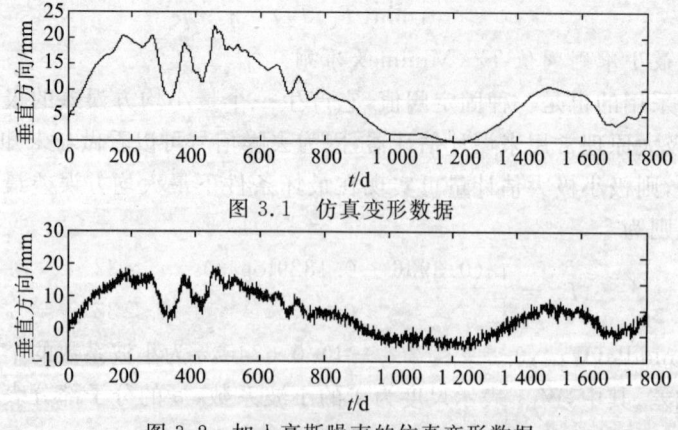

图 3.1 仿真变形数据

图 3.2 加入高斯噪声的仿真变形数据

实际测量数据中,有时不仅含有随机误差,还可能含有一些系统性的干扰信号,使得大多数的信号是非平稳的。对图 3.2 所示的数据序列中叠加系统性干扰信号(图 3.3),叠加后的数据如图 3.4 所示。

第3章 非线性大地测量信号小波包估计

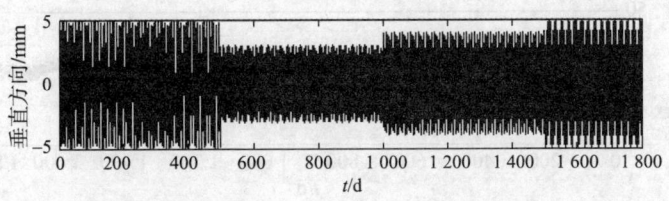

图 3.3 待加入的系统性干扰信号

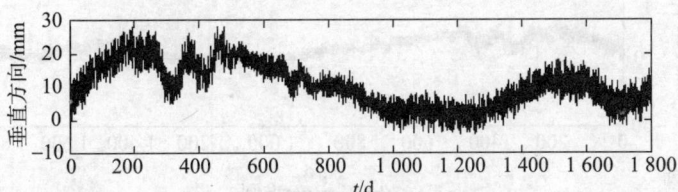

图 3.4 加入高斯噪声和系统性干扰信号后的仿真变形数据

除了存在随机误差和可能含有的系统性干扰外,还会含有突变干扰或粗差。对图 3.4 所示的数据序列中的某些观测值叠加突变性干扰信号 $\xi(\xi_{i=250} = -15 \text{ mm}, \xi_{i=1200} = 32 \text{ mm}, \xi_{i=1600} = -20 \text{ mm})$,结果如图 3.5 所示。

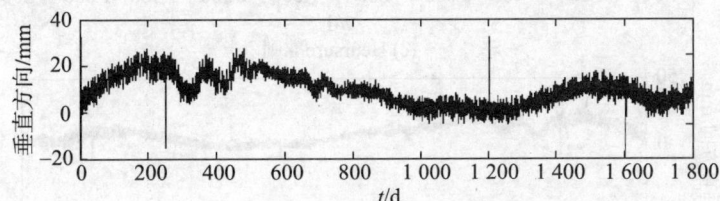

图 3.5 加入高斯噪声、系统性干扰和突变性干扰信号后的仿真变形数据

由图 3.5 的仿真数据可以看出,大量的随机噪声、系统性干扰和突变性干扰掩盖了真实的信号,在数据分析前,需要对观测数据进行预处理,以消除或减弱各种误差对数据分析的影响。下面采用不同的策略消除图 3.5 变形数据中存在的高斯噪声、系统性干扰和突变性干扰。

采用 db6(Daubechies)小波,将仿真数据(图 3.5)分解 4 层,分别应用 §3.2.5 阈值估计准则估计阈值,均采用软阈值法进行阈值量化,不同的阈值估计准则的估计效果如图 3.6 所示。为了衡量阈值估计的效果,采用信噪比和均方根误差作为衡量指标。计算结果如表 3.1 所示。

信噪比(SNR)的公式为

$$SNR = -10\log \frac{\sum_{i=1}^{N}(s(i) - s_d(i))^2}{\sum_{i=1}^{N} s^2(i)} \tag{3.9}$$

式中,s 和 s_d 分别为原始信号和消噪后的信号,N 为小波系数个数。

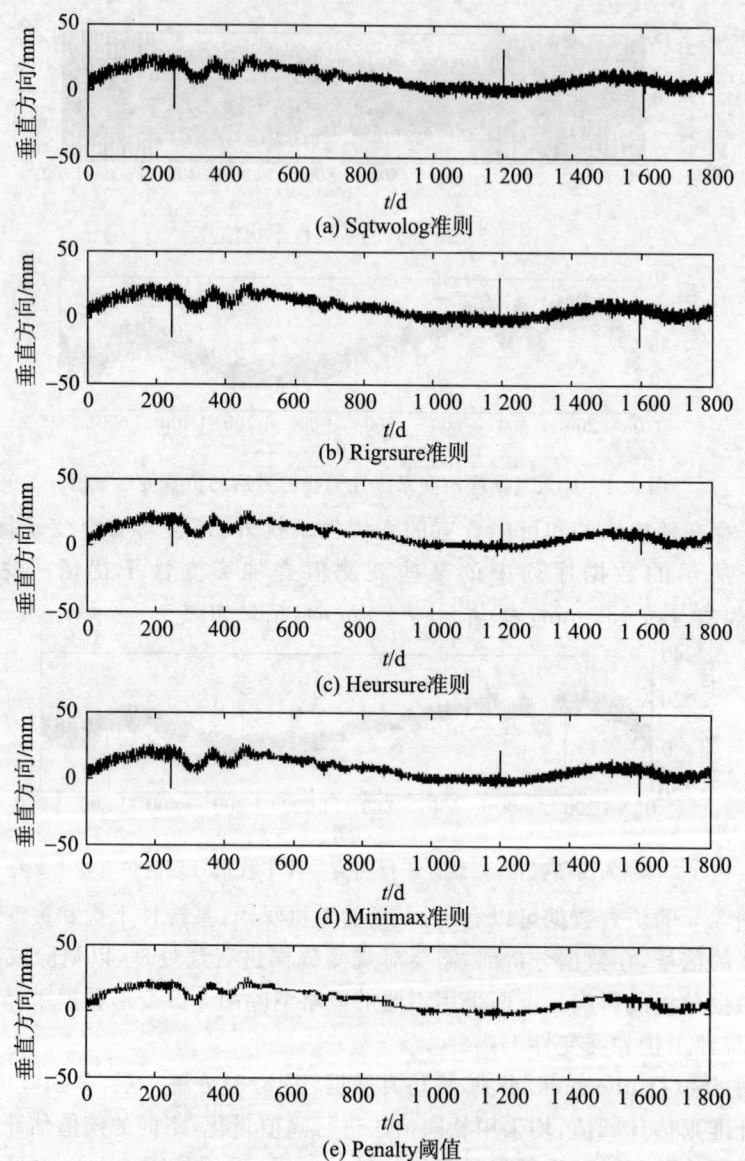

图 3.6 各种阈值估计准则的估计效果图

表 3.1 各种阈值估计准则估计的 SNR 和 RMSE

阈值准则	Sqtwolog	Rigrsure	Heursure	Minimax	Penalty
SNR	11.077 1	11.077 1	14.534 9	13.028 6	18.048 0
$RMSE$	135.756 7	135.756 7	89.024 9	106.746	58.769 1

均方根误差(RMSE)的公式为

$$RMSE = \sqrt{\frac{1}{N}\sum_{i=1}^{N}(s_d(i)-s(i))^2} \qquad (3.10)$$

式中，s 和 s_d 分别为原始信号和消噪后的信号，N 为小波系数个数。

分析图 3.6 和表 3.1 可以看出，Sqtwolog 准则和 Rigrsure 准则的信噪比最低，均方根误差最大，估计效果最差；Heursure 准则和 Minimax 准则的信噪比比 Sqtwolog 准则和 Rigrsure 准则略高，但均方根误差要小得多，估计效果要好一些；Penalty 阈值准则的信噪比最大，均方根误差最小，估计效果最好。从图形的光滑程度上，能够看出 Penalty 阈值准则估计效果最好，Minimax 准则和 Heursure 准则估计效果次之，Sqtwolog 准则和 Rigrsure 准则估计效果最差。

3.2.7 阈值量化函数的选取

阈值量化是应用所估计的阈值 T，对小波包系数进行的处理。目前，阈值量化函数主要采用 Donoho 和 Johnstone 提出的两种方法（Ananga et al,1997）。一种是硬阈值法，当小波包系数大于该阈值时，保留原值，否则置零，其公式为

$$\hat{y_j} = \begin{cases} y_j & |y_j|>T \\ 0 & |y_j|\leqslant T \end{cases} \qquad (3.11)$$

另一种是软阈值法，当小波包系数大于该阈值时，向着减小系数幅值的方向作一个收缩 δ，否则置零，其公式为

$$\hat{y_j} = \begin{cases} \text{sgn}(y_j)(|y_j|-\delta) & |y_j|>T \\ 0 & |y_j|\leqslant T \end{cases} \qquad (3.12)$$

式中，sgn( ) 为符号函数。

硬阈值法和软阈值法本质区别在于选取的阈值量化函数不同，体现了对小波包系数的不同处理策略。它们的基本思想都是去除小的系数，对大的系数进行收缩或保留。硬阈值法往往使滤波结果具有较大的方差，而软阈值法使得滤波结果有较大的偏差，主要因为其对所有大于阈值的系数共同作了收缩（Donoho,1995）。软阈值法和硬阈值法在应用时要根据实际需要进行选择。

采用 db6 小波，将仿真数据（图 3.5）分解 4 层，采用 Penalty 准则估计阈值，分别采用软阈值法和硬阈值法进行阈值量化，计算其信噪比和均方根误差见表 3.2，不同的阈值量化函数的估计效果如图 3.7 所示。可以看出软阈值法估计的信噪比更高，均方根误差更小，估计效果较好。

表 3.2　两种阈值量化函数消噪后的 SNR 和 RMSE

阈值量化函数	硬阈值法	软阈值法
SNR	11.077 1	18.297 3
RMSE	135.756 7	56.977 1

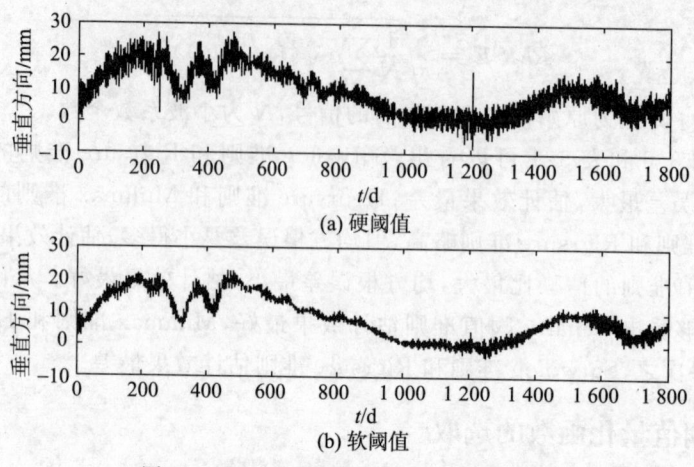

图 3.7 两种阈值量化函数的估计效果图

§3.3 系统性干扰信号小波包估计

小波包阈值估计抑制了信号中的随机噪声,如图 3.7(b)所示。观测序列中有时还可能存在一定的系统性干扰,系统性干扰或作用于整个观测期间,或作用于某一时段,作用的频率也可能发生变化。目前的估计方法多数针对高斯噪声的估计,对非高斯噪声估计问题还有待研究(文鸿雁,2004)。本节借助小波包变换将信号投影到不同频带,来探测、抑制系统性干扰,为含有非高斯噪声的信号估计提供一种新的思路。

为进一步检测小波包阈值估计后的信号,见图 3.7(b),是否存在系统性干扰。采用 db6 小波将消噪后的信号进行 3 层分解,第 3 层上各频带的信号如图 3.8 所示。从图中的 L3、L4、L7 和 L8 频带,明显看出存在系统性干扰信号,且干扰信号的频率与所叠加的干扰信号一致,幅值比叠加的干扰信号小,这是因为小波包阈值信号估计损失了一定的系统性干扰信号。这说明小波包变换能够准确地识别时序数据中的系统性干扰,也能够较准确地反映干扰的特征。将所提取的系统性干扰信号消除,以达到消除或减弱信号系统性干扰的目的。图 3.9 所示为消除随机噪声和系统性干扰后的信号。

随机噪声消噪和系统性干扰预处理后的仿真数据的信噪比和均方根误差分别为 27.887 6 和 18.762 8,而只进行小波包阈值消噪的仿真数据的信噪比为 18.297 3,均方误差为 56.977 1(表 3.2)。因此,进行系统性干扰预处理,大大改善了信号估计效果。

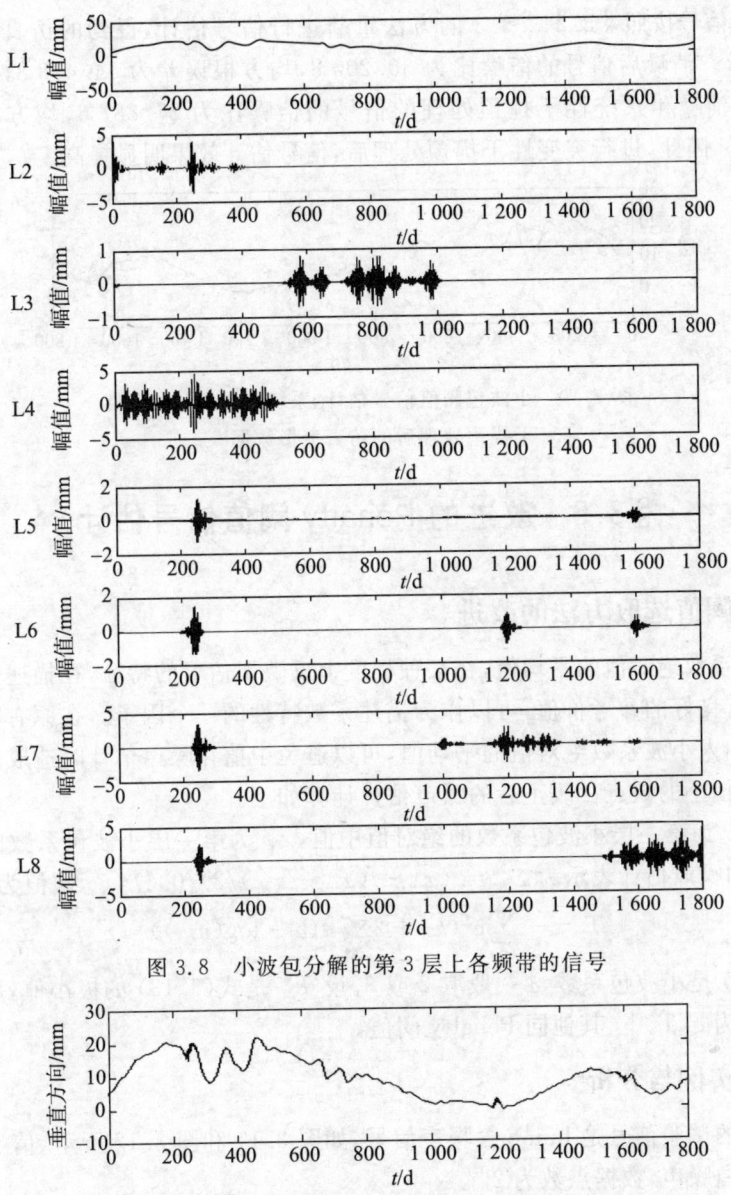

图 3.8 小波包分解的第 3 层上各频带的信号

图 3.9 小波包阈值信号估计和系统性干扰预处理后的仿真变形数据

§3.4 突变性干扰信号小波包估计

图 3.8 识别系统性干扰的同时,在 L2、L5、L6、L7 和 L8 频带,也能够看出在 250 点、1 200 点和 1 600 点处存在突变信号的干扰。在原始数据中用突变点前后的数据进行插值或拟合计算突变点的数据,即可消除突变性干扰的影响。将消除

突变点的信号按照§3.2、§3.3的方法重新进行信号估计,得到的仿真数据如图3.10所示。消噪后信号的信噪比为30.200 8,均方根误差为14.478 8,而只进行随机误差消噪和系统性干扰预处理的信号的信噪比为27.887 6,均方根误差为18.762 8。因此,进行突变性干扰预处理后,信号估计效果明显提高。

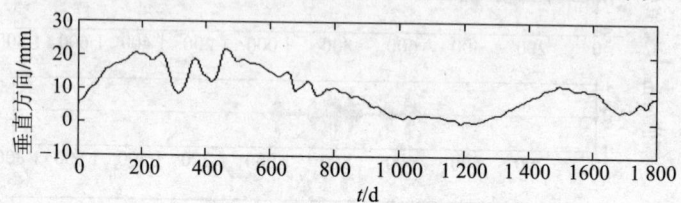

图3.10 小波包阈值信号估计、系统性干扰和突变性干扰预处理后的仿真变形数据

§3.5 改进的Penalty阈值信号估计

3.5.1 阈值选取方法的改进

小波系数绝对值的平均值,在某种程度上反映了信号的特征,在描述信号的特点时,具有良好的参考价值,可以作为描述系数特性的一个因子。在原有噪声估计因子中,加入小波系数绝对值的平均值,可以避免中值在噪声估计时造成的过于偏大或过于偏小的缺点。改正后的噪声估计计算如下。

设 $x_{中}$ 为第一层小波包系数的绝对值中值,$x_{平}$ 为第一层小波包系数的绝对值平均值,则噪声估计表示为 $\Sigma_{改} = (x_{中} - (x_{中} - x_{平})/2)/0.674\,5$,阈值为

$$T = -\sum_{k \leqslant t} c^2(k) + 2\Sigma_{改}^2 t(\alpha + \log(n/t)) \tag{3.13}$$

式中,$c(k)$ 是小波包系数,α 一般取2或3。设 T^* 是式(3.13)的极小值,那么小波包阈值即为 $c|T^*|$,其他同Penalty阈值。

3.5.2 实例与分析

采用的试验信号是bump含噪声信号,如图3.11和图3.12所示,信噪比设为7,噪声为白噪声,数据点数为 2^{10}。

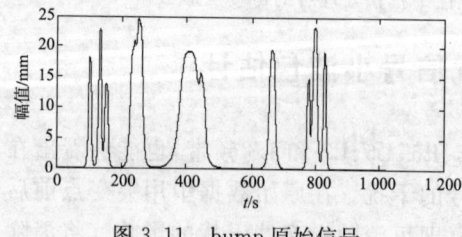

图3.11 bump原始信号

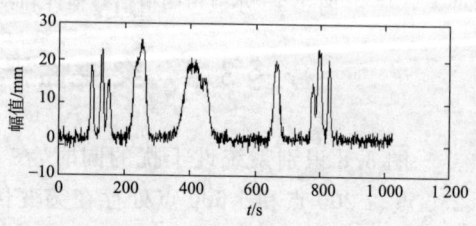

图3.12 含噪声的bump信号

1. 最优小波包基的确定

对于一个给定的信号,只有选择一个合适的小波包基,才能很好地提取信号的特征(Donoho,1995)。熵值越小,对应的小波包基越好。

本次小波包分解采用 db6 小波,分解层数为 5。分别采用阈值熵、p 范数熵、香农熵、sure 熵和对数能量熵进行最优小波包基选取。所得到的最优小波包基如图 3.13 所示。

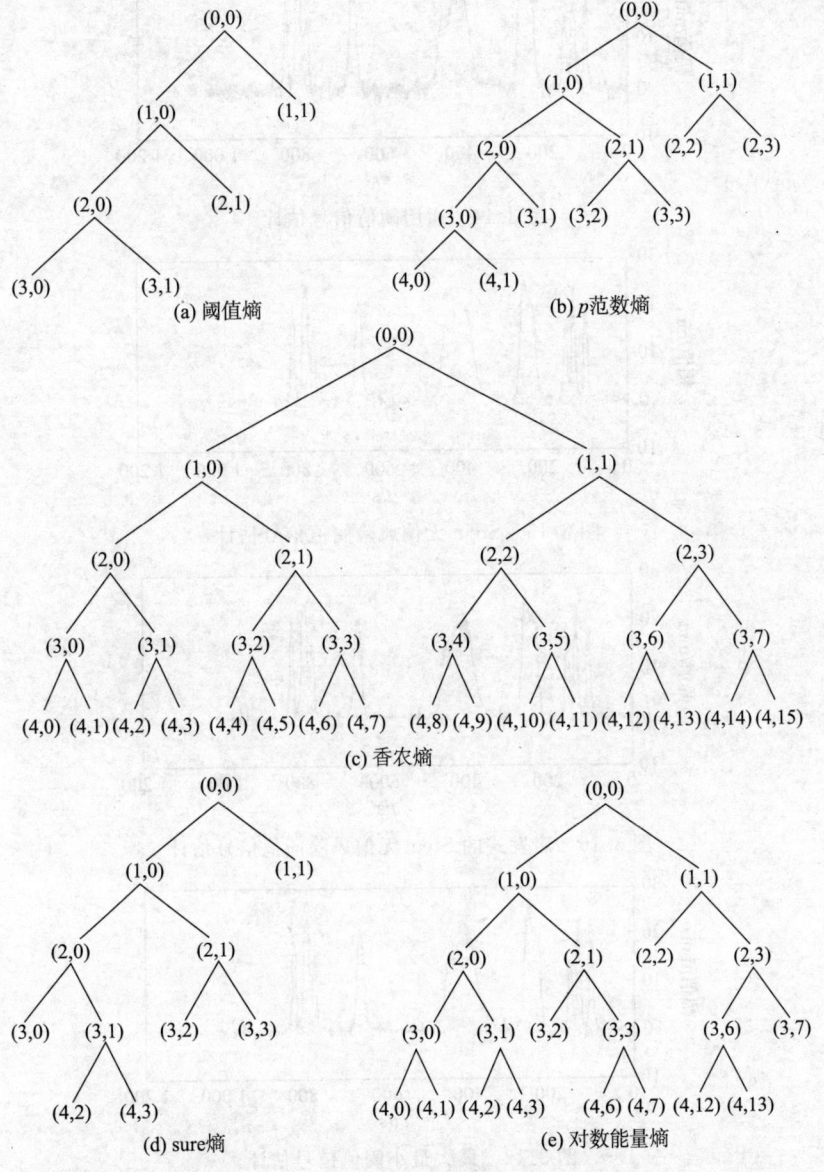

图 3.13　五种准则下的最优小波包基

从图 3.13 可知,采用阈值熵选择的最优小波包基效果最好。

2. 阈值选择与信号估计

采用§3.2 所述的 5 种阈值和§3.5 的改进阈值进行信号估计。信号估计结果如图 3.14 至图 3.20 所示。

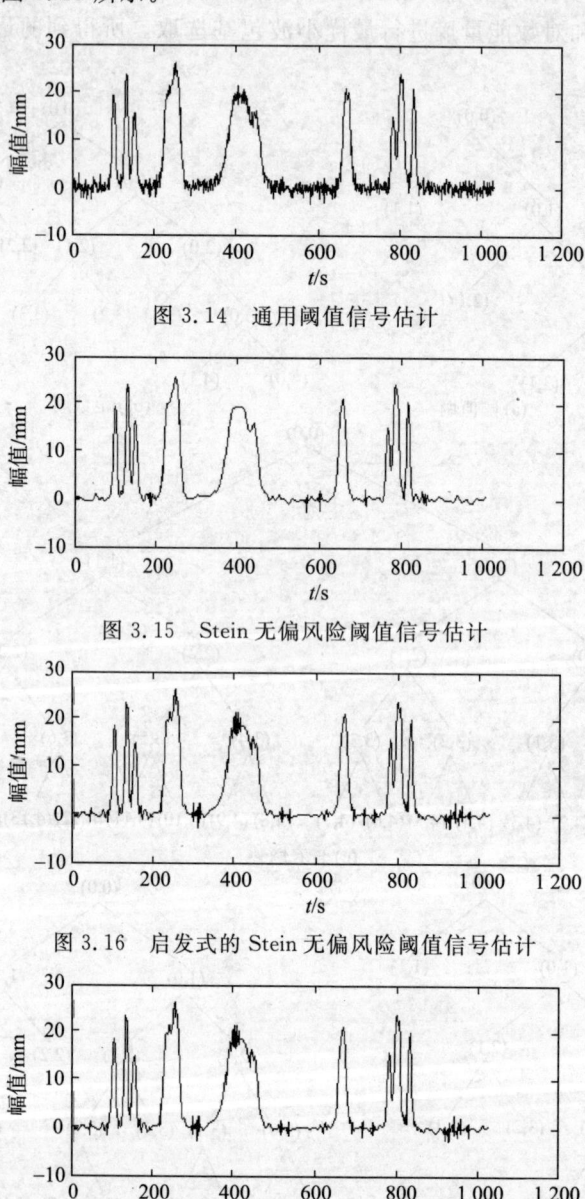

图 3.14 通用阈值信号估计

图 3.15 Stein 无偏风险阈值信号估计

图 3.16 启发式的 Stein 无偏风险阈值信号估计

图 3.17 最大最小阈值信号估计

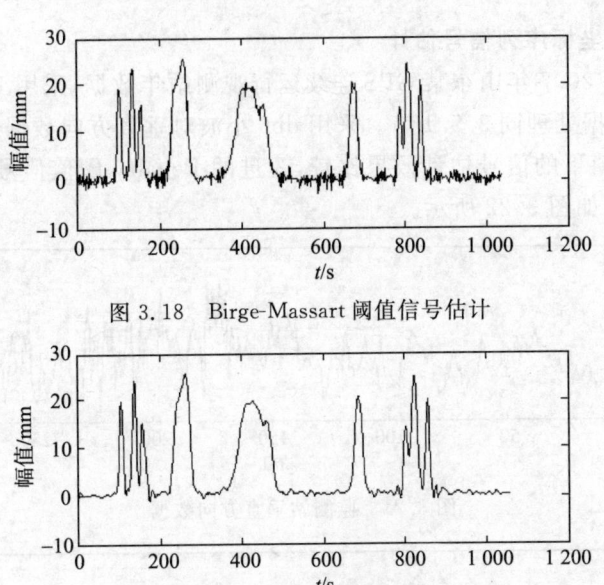

图 3.18 Birge-Massart 阈值信号估计

图 3.19 Penalty 阈值信号估计

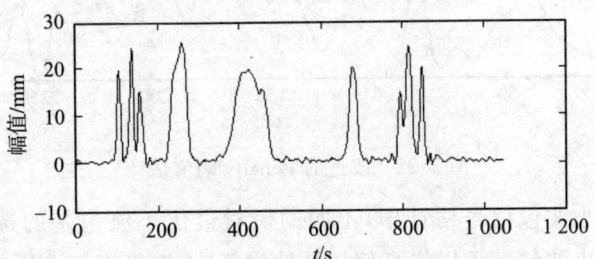

图 3.20 改进的 Penalty 阈值信号估计

计算所得的 SNR 和 RMSE 如表 3.3 所示。

表 3.3 各种估计方法的 SNR 和 RMSE

阈值类型	SNR	RMSE
通用阈值	19.495 5	0.749 8
Stein 无偏风险阈值	20.671 2	0.663 0
启发式的 Stein 无偏风险阈值	19.495 5	0.749 8
最大最小阈值	18.158 0	0.894 4
Birge-Massart 阈值	19.516 2	0.748 0
Penalty 阈值	20.427 4	0.672 9
改进的 Penalty 阈值	22.108 8	0.531 8

由图 3.14 至图 3.20 和表 3.3 可以看出，改进的 Penalty 阈值的 SNR 最高，RMSE 最小，信号估计效果最好。

3. 基准站坐标序列信号估计

图 3.21 为 2007 年山东某 GPS 连续运行观测站年数据,采用 Leica GRX1200 Pro 接收机,数据处理同 3.5.1 节。采用 db6 小波对垂直方向数据进行 5 层分解,通过对不同阈值下的信号估计效果比较,改进的 Penalty 阈值信号估计效果明显优于其他阈值,如图 3.22 所示。

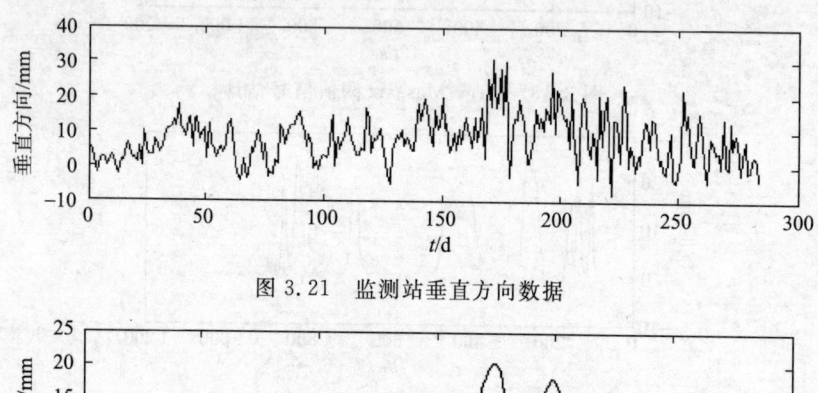

图 3.21 监测站垂直方向数据

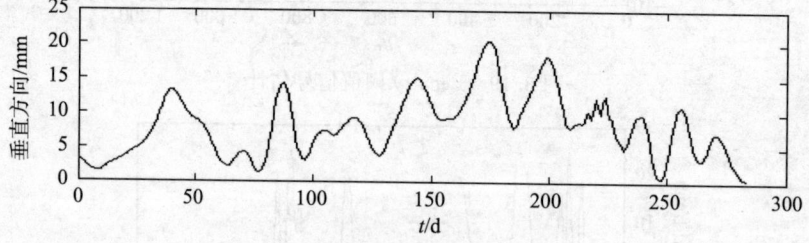

图 3.22 改进的 Penalty 阈值估计

综上所述,小波包信号估计中,不同的熵对最优小波包基的选择有很大的影响,选择良好的小波包基可以提高信号估计质量;小波包阈值选择是信号估计的关键点,不同的阈值选择准则适应不同的信号,试验证明,改进的 Penalty 准则的信号估计效果明显提高。

§3.6 基于 Schur 凹花费函数小波包估计

在前几节中所讲的信号小波估计都可以较好地去除噪声,得到我们所需要的信号。但是大地测量信号千差万别,是一种不规则、非平稳信号,如何自适应信号的特点,从而更有效地估计大地测量信号是信号估计的重要问题。为了优化非线性大地测量信号估计,本节依据逼近论,结合信号特点,研究熵准则下自适应地选择小波包基的信号估计方法。

3.6.1 非线性估计误差

对于非线性信号 s,在正交基 $B = \{g_m\}_{m \in \mathbb{N}}$ 上适当选择 M 个矢量对 s 进行估

计,信号 s 的最佳逼近即为 s 在 M 个矢量上的投影 s_M(李建平,2004),即

$$s_M = \sum_{m \in I_M} \langle s, g_m \rangle g_m \tag{3.14}$$

逼近误差应为剩余投影系数的和,即

$$\varepsilon(M) = \|s - s_M\|^2 = \sum_{m \in I_M} |\langle s, g_m \rangle|^2 \tag{3.15}$$

I_M 内 M 个矢量是与 s 最相关的矢量代表 s 的主要特征,由此得到的估计才是最优非线性估计。假设按递减顺序选取投影系数,即

$$\{|\langle s, g_m \rangle|_{m \in \mathbf{N}} : |\langle s, g_m \rangle| \geqslant |\langle s, g_{m+1} \rangle|\} \tag{3.16}$$

则从第 $M+1$ 个矢量开始,得到非线性最优小波估计的误差为

$$\varepsilon(M) = \|s - s_M\|^2 = \sum_{k=M+1}^{+\infty} |\langle s, g_{m_k} \rangle|^2 \tag{3.17}$$

当 M 增加,$\varepsilon(M)$ 快速衰减时,这种最优估计才有效,此时的 M 个矢量即为最优基。采用在正交基 B 上计算信号的乘积的 l^p 范数来表征 $\varepsilon(M)$ 的衰减(李建平,2004)为

$$\|s\|_{B,p} = \left(\sum_{m=0}^{\infty} |\langle s, g_m \rangle|^p \right)^{\frac{1}{p}} \tag{3.18}$$

如果 $\|s\|_{B,p} < +\infty$,且 $p < 2$,则有估计误差

$$\varepsilon(M) \leqslant \frac{\|s\|_{B,p}^2}{\frac{2}{p} - 1} M^{1 - \frac{2}{p}} \tag{3.19}$$

3.6.2 自适应基的选择

为了优化信号逼近,可根据信号的特征适当选择小波基,使得花费函数最小。本书介绍基于 Schur 凹花费函数的一种自适应基选择的判断准则(葛永 等,2004)。

定理 3.1 基 $B^a = \{g_m^a\}(1 \leqslant m \leqslant N)$ 是比 $B^\gamma = \{g_m^\gamma\}(1 \leqslant m \leqslant N)$ 更好地逼近于 s,当且仅当对所有的凹函数 $\Phi(u)$ 满足

$$\sum_{m=1}^{N} \Phi\left(\frac{|\langle s, g_m^a \rangle|^2}{\|s\|^2} \right) \leqslant \sum_{m=1}^{N} \Phi\left(\frac{|\langle s, g_m^\gamma \rangle|^2}{\|s\|^2} \right) \tag{3.20}$$

采用熵函数 $\hat{Q}(u) = -x \ln x$(对 $x > 0$ 是凹函数),相应的花费函数为

$$C(s, B) = - \sum_{m=1}^{N} \frac{|\langle s, g_m \rangle|^2}{\|s\|^2} \ln \frac{|\langle s, g_m \rangle|^2}{\|s\|^2} \tag{3.21}$$

小波包的分解,在完全小波包的树形结构中,每一结点对应一个空间 W_j^p,该空间又被分解为子结点上的两个正交子空间 $W_j^p = W_{j+1}^{2p} \oplus W_{j+1}^{2p+1}$,则有

$$\left.\begin{aligned} W_j &= W_{j+1}^2 \oplus W_{j+1}^3 \\ W_j &= W_{j+2}^4 \oplus W_{j+2}^5 \oplus W_{j+2}^6 \oplus W_{j+2}^7 \\ &\vdots \qquad \vdots \qquad \vdots \qquad \vdots \qquad \vdots \\ W_j &= W_{j+k}^{2^k} \oplus W_{j+k}^{2^k+1} \oplus \cdots \oplus W_{j+k}^{2^{k+1}-1} \end{aligned}\right\}$$

对于两个正交子空间的规范正交基 B^0 和 B^1，花费函数 $C(s,B)$ 在以下意义下是"可加的"，即

$$C(s,B^0 Y B^1) = C(s,B^0) + C(s,B^1) \tag{3.22}$$

使 $C(s,B)$ 最小的基为最优基，估计误差达到最小，所得到的信号估计为最佳估计。设 W_j^p 的最优基为 o_j^p，则用向量构造出来的 W_j^p 所有基中，最优基为

$$C(s,o_j^p) = \min_{j,p} C(s,B) = \min_{j,p} \sum_{m=0}^{M} \Phi\left(\frac{|\langle s,g_m \rangle|^2}{\|s\|^2}\right) \tag{3.23}$$

3.6.3 最优基的搜索算法

Coifman 和 Wickerhauser 利用小波包基库，通过对所有小波包基的比较寻找最小花费函数值，实现最优小波包基的动态快速搜索算法(Coifman et al,1992)：在小波包的二叉树结构中，采用自树根沿着树枝自上而下进行最优小波包基的搜索。搜索过程中可以通过小波系数取阈值时自适应抬高门限或当子空间信号能量小于噪声极小能量水平时舍弃这一子空间，自适应于噪声的结构。

3.6.4 实例与分析

1. 仿真试验

以图 3.12 含噪声的 bump 信号为例，对其进行 Schur 凹花费函数小波包估计，估计结果如图 3.23 所示，其信噪比为 22.0518，均方根误差为 0.5504，该估计方法等价于改进的 Penalty 阈值估计，但从图 3.20 和图 3.23 可以看出 Schur 凹花费函数小波包估计对信号结构的适应度优于改进的 Penalty 阈值估计。

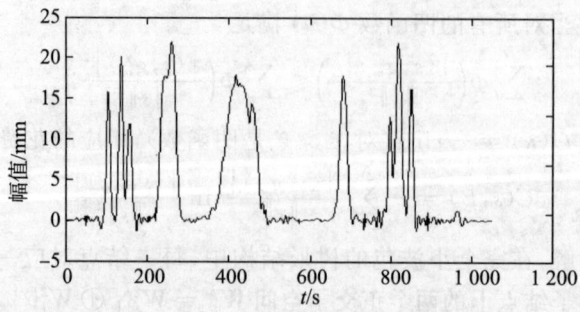

图 3.23 Schur 凹花费函数小波包估计

2. 山东基准站坐标序列信号估计

利用 Schur 凹花费函数自适应小波包估计方法对山东基准站的 CASH、TAIN 两站的垂直方向进行信号估计,通过与其他方法的估计结果进行比较,该方法估计效果优于其他方法,估计结果如图 3.25 和图 3.27 所示。

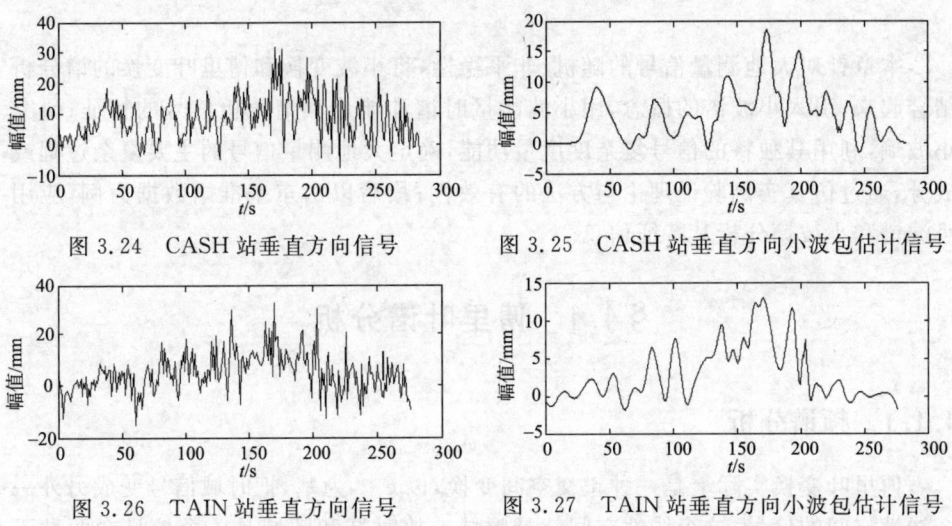

图 3.24 CASH 站垂直方向信号　　　图 3.25 CASH 站垂直方向小波包估计信号

图 3.26 TAIN 站垂直方向信号　　　图 3.27 TAIN 站垂直方向小波包估计信号

§3.7 本章小结

小波信号估计,由于仅对低频部分进行分解,造成高频部分中的有用信号丢失,从而降低了信号估计的精度。本章针对大地测量信号的非线性、随机性特点,分析了信号小波包估计理论与方法,提出了小波包估计的阈值改进算法;研究了大地测量信号以及系统性干扰和突变性干扰下信号的小波包估计方法;结合逼近论,提出了大地测量信号自适应小波包估计方法。分析研究表明:小波包对低频和高频部分同时进行分解与重构,可充分利用大地测量信号内涵的信息,可较好地保证重构的精度;利用小波包估计方法,可以有效地消除系统性干扰和突变干扰,其信噪比和均方根误差明显改善;不同的信息代价函数对最优小波包基的选择有很大的影响,选择良好的小波包基可以提高信号估计质量;小波包阈值选择是信号估计的关键点,不同的阈值选择准则适应不同类型的信号;改进的 Penalty 阈值可以更好地估计大地测量信号;基于 Schur 凹花费函数小波包估计可以自适应于信号结构。试验证明,上述方法可以有效地提高大地测量信号估计的质量。

第4章 非平稳大地测量信号特征信息小波识别

本章针对大地测量信号的随机、非平稳性,将小波变换和傅里叶变换的谱分析结合起来,引入小波谱的概念,用小波能量时谱和能量频谱分析信号的特征;研究小波熵,利用其独特的信号复杂度度量功能,确定大地测量信号的主要复杂过程或成分,通过仿真实例验证理论与方法的有效性;最后以山东基准站数据为例,应用小波谱和小波熵分析其特征信息。

§4.1 傅里叶谱分析

4.1.1 频谱分析

傅里叶变换实际上是一种正交空间变换,以 $e^{-i\omega t}$ 为基,把时域信号变成另外一个线性空间的信号,这个线性空间就是频域。故时域和频域是一个信号在两种不同正交基下面的表现而已,相互有对应关系。

时域信号的三个自由度可以认为是 X、Y、T,其中 T 代表时间;频域信号的三个自由度可以认为是 X、Y、ω,其中 ω 代表频率。$\cos\omega t$ 在频域表现为只有实部,故相位是 $0°$ 或 $180°$,$\sin\omega t$ 在频域表现为只有虚部,故相位是正负度。

傅里叶变换就是把看似杂乱无章的信号考虑成由一定振幅、相位、频率的基本正弦(余弦)信号的组合,是将函数向一组正交的正弦、余弦函数展开。傅里叶变换的目的就是找出这些基本正弦(余弦)信号中振幅较大(能量较高)信号对应的频率,从而找出杂乱无章的信号中的主要振动频率特点。

时域(时间域)——自变量是时间,即横轴是时间,纵轴是信号的变化。其动态信号 $x(t)$ 是描述信号在不同时刻取值的函数。频域(频率域)——自变量是频率,即横轴是频率,纵轴是该频率信号的幅度,也就是通常说的频谱图。频谱图描述了信号的频率结构及频率与该频率信号幅度的关系。

对信号进行时域分析时,有时一些信号的时域参数相同,但并不能说明信号就完全相同。因为信号不仅随时间变化,还与频率、相位等信息有关,这就需要进一步分析信号的频率结构,并在频率域中对信号进行描述。

1. 傅里叶级数与离散频谱

根据傅里叶级数理论,任何周期性信号均可展开为若干简谐信号的叠加。设 $x(t)$ 为周期信号,则有

$$x(t) = a_0 + \sum_{n=1}^{\infty}(a_n \cos n\omega_0 t + b_n \sin n\omega_0 t)$$
$$= A_0 + \sum_{n=1}^{\infty} A_n \sin(n\omega_0 t + \phi_n) \tag{4.1}$$

式中,A_0 是静态分量;ω_0 是基波频率;$n\omega_0$ 是第 n 次谐波,$n=1,2\cdots$;$A_0 = a_0$,$A_n = \sqrt{a_n^2 + b_n^2}$ 是第 n 次谐波的幅值;$\phi_n = \arctan\left(\dfrac{a_n}{b_n}\right)$ 是第 n 次谐波的相位;$a_0 = \dfrac{1}{T}\int_0^T x(t)\mathrm{d}t$,$a_n = \dfrac{2}{T}\int_0^T x(t)\cos n\omega_0 t \mathrm{d}t$,$b_n = \dfrac{2}{T}\int_0^T x(t)\sin n\omega_0 t \mathrm{d}t$,其中,$T$ 是基本周期,$\omega_0 = \dfrac{2\pi}{T}$。

周期信号可分为一个或几个,乃至无穷多个谐波的叠加。如果以频率为横坐标,幅值 A_n 和相位 ϕ_n 为纵坐标可以得到信号中的幅频谱和相频谱。由于 n 取整数,相邻频率的间隔均为基波频率 ω_0。因而,周期信号的频谱具有离散性、谐波性和收敛性三个特点。

傅里叶级数也可以写成复指数函数形式。根据欧拉公式

$$\mathrm{e}^{\pm \mathrm{i}\omega_0 t} = \cos\omega_0 t \pm \mathrm{i}\sin\omega_0 t$$

$$\cos\omega_0 t = \frac{1}{2}(\mathrm{e}^{-\mathrm{i}\omega_0 t} + \mathrm{e}^{\mathrm{i}\omega_0 t})$$

$$\sin\omega_0 t = j\frac{1}{2}(\mathrm{e}^{-\mathrm{i}\omega_0 t} - \mathrm{e}^{\mathrm{i}\omega_0 t})$$

有

$$x(t) = \sum_{n=-\infty}^{\infty} C_n \mathrm{e}^{\mathrm{i}\omega_0 t} \quad (n=0,\pm 1,\pm 2\cdots) \tag{4.2}$$

式中,C_n 是展开函数。若 $x(t)$ 的周期是 T,C_n 的计算公式为

$$C_n = \int_{-\frac{T}{2}}^{\frac{T}{2}} x(t)\mathrm{e}^{-\mathrm{i}\omega t}\mathrm{d}t \tag{4.3}$$

因此,C_n 为一复数,由周期信号 $x(t)$ 确定。它综合反映了 n 次谐波的幅值及相位信息。这里需要注意的是,周期信号 $x(t)$ 展开为复数傅里叶级数,频率 ω 的取值范围也扩展到负频率。应用中频率的正负可理解为简谐信号频率的正负,成对出现的复展开系数 C_n 和 C_{-n} 与正负频率对应。它们在实轴上的合成结果正好形成了代表谐波幅值的实向量,而在虚轴上的合成结果正好抵消为零。

2. 傅里叶变换与连续频谱

当周期信号 $x(t)$ 的周期 $T \to +\infty$ 时,则该信号可以看成非周期信号,信号频谱的谱线间隔 $\Delta\omega = \omega_0 = \dfrac{2\pi}{T} \to 0$。所以非周期信号的频谱是连续的。

由前面可知,周期信号 $x(t)$ 在 $\left[-\frac{T}{2}, \frac{T}{2}\right]$ 区间可用傅里叶级数表示为

$$x(t) = \sum_{n=-\infty}^{\infty} \left[\frac{1}{T}\int_{-\frac{T}{2}}^{\frac{T}{2}} x(t) e^{-i\omega t} dt\right] e^{in\omega_0 t} \tag{4.4}$$

当 $T \to +\infty$ 时,频率间隔 $\Delta\omega$ 成为 $d\omega$,离散频谱中相邻的谱线紧靠在一起,$n\omega_0$ 就变成连续变量 ω,符号 Σ 就变成积分符号 $\int$ 了,于是得到傅里叶积分

$$x(t) = \frac{1}{2\pi} \int_{-\infty}^{+\infty} \left[\int_{-\infty}^{+\infty} x(t) e^{-i\omega t} dt\right] e^{i\omega t} d\omega \tag{4.5}$$

由于时间 t 是积分变量,故式(4.5)括号内积分之后仅是 ω 的函数,记做 $X(\omega)$。

$$X(\omega) = \int_{-\infty}^{+\infty} x(t) e^{-i\omega t} dt \tag{4.6}$$

$$x(t) = \frac{1}{2\pi} \int_{-\infty}^{+\infty} X(\omega) e^{i\omega t} d\omega \tag{4.7}$$

即为 $x(t)$ 的傅里叶变换和逆傅里叶变换,两者互称为傅里叶变换对。

把 $\omega = 2\pi f$ 代入式(4.6)和式(4.7),则有

$$X(f) = \int_{-\infty}^{+\infty} x(t) e^{-i2\pi ft} dt \tag{4.8}$$

$$x(f) = \int_{-\infty}^{+\infty} X(t) e^{i2\pi ft} dt \tag{4.9}$$

式中,f 是频率,Hz。

傅里叶变换有着明确的物理意义。在整个时间轴上的非周期信号 $x(t)$,是由频率 ω 的谐波 $X(\omega) e^{i\omega t} d\omega$ 沿频率从 $-\infty$ 连续到 $+\infty$,通过积分叠加得到的。由于对不同的频率 ω,$d\omega$ 都是一样的。所以,只需 $X(\omega)$ 就能真实地反映不同频率谐波的振幅和相位变化。因此,我们称 $X(\omega)$ 为 $x(t)$ 的连续频谱。一般 $X(\omega)$ 是复函数,可写成

$$X(\omega) = |X(\omega)| e^{i\phi(\omega)}$$

式中,$|X(\omega)|$ 为信号的连续幅值谱,$\phi(\omega)$ 为信号的连续相位谱。

通常,我们称由信号 $x(t)$ 求出它的频谱 $X(\omega)$ 的过程为对信号作谱分析。

3. 确定性信号的傅里叶谱分析

对确定性信号进行傅里叶谱分析,实质是对信号进行时域到频域的转换。确定性信号的谱分析,只需对其中的任意一个样本进行快速傅里叶变换即可。确定性信号 x_n 的傅里叶谱 X_m 是个复数,因此它包含实频、虚频、幅频、相频等信息。工程中为了方便起见,常用以下几种表示方法:

(1)实频特性及虚频特性表示。将 X_m 写成 $X_m = X_{mR} + jX_{mI}$ 的形式。其中,X_{mR} 为 X_m 的实部,称为实频图;X_{mI} 为 X_m 的虚部,称为虚频图。

(2)幅频特性及相频特性表示。将 X_m 写成 $X_m = A_m e^{i\phi_m}$ 的形式,其中 $A_m =$

$\sqrt{X_{mR}^2 + X_{mI}^2}$ 为 X_m 的幅值,称为幅频图;$\phi_m = \arctan\left(\dfrac{X_{mI}}{X_{mR}}\right)$ 为 X_m 的相位,称为相频图。

(3)幅频及相频率特性表示。将 X_m 视为极坐标中的一个矢量,用此矢量端点随频率而变化的轨迹来表示 X_m 的办法,称为 X_m 的幅频及相频率特性表示法。显然,端点轨迹上任意一点综合反映了 X_m 的实频、虚频及幅频相频的信息。

傅里叶的幅值信息,根据应用场合不同,也有三种不同的表示方法:

(1)幅值谱 A_m。A_m 是 X_m 的模,即 $A_m = |X_m|$。幅值谱客观地反映了信号 X_m 中各频率分量的实际贡献大小,并同等地看待它们对信号的重要性,因而是一种等权(权重均为1)谱。

(2)均方谱 S_m。S_m 是用 X_m 的幅值平方表示的幅值信息,即 $S_m = A_m^2 = |X_m|^2$。它对贡献率大的频率分量加大权,贡献小的分量加小权,突出主要矛盾。显然,这是一种变权重谱,且权重取决于每个频率分量的幅值。

利用小波均方谱来分析非稳态信号的结构特性。小波均方谱是在由尺度和位移构成的相平面上对信号的均方值进行的时间—尺度分析,它与时频分析具有很多相似之处,小波均方谱的尺度与信号的频率有确定的对应关系,从而可以在时间—尺度的平面上较为直观地观察到各个分辨率处信号的分布情况,有利于分析在线监测时信号的状态。

(3)对数谱 L_m。X_m 的对数谱定义为 $L_m = \log A_m = \log|X_m|$。它对贡献率小的加大权,贡献大的分量加小权,突出次要矛盾。显然,这也是一种变权重谱。

4. 功率谱密度函数

作为功率型的平稳信号在时域上可以通过信号数字特征,如均值、方差等进行描述,而在频域上,它不满足傅里叶变换条件。由于任意一个平稳信号序列样本的功率是有限的,所以功率谱就成为平稳信号频域描述其统计规律的重要特征参量。

功率谱反映了信号的功率在频域随频率 ω 的分布,所以也称为功率谱密度。如同时域中的相关函数分为自相关函数与互相关函数一样,功率谱密度函数也分为自功率谱密度函数和互功率谱密度函数。

自功率谱密度函数是信号 $x(t)$ 的自相关函数 $R_{xx}(\tau)$ 的傅里叶变换。由自相关函数性质可知,对于均值为零的随机信号,当 $|\tau| \to \infty$ 时,自相关函数 $R_{xx}(\tau) \to 0$。所以,$R_{xx}(\tau)$ 满足绝对可积条件。自功率谱密度函数 $S_{xx}(\omega)$ 是实偶函数。

同样,根据傅里叶理论,$S_{xx}(\omega)$ 的逆变换为 $R_{xx}(\tau)$。

$$S_{xx}(\omega) = \int_{-\infty}^{\infty} R_{xx}(\tau) e^{-i\omega\tau} d\tau \qquad (4.10)$$

$$R_{xx}(\tau) = \frac{1}{2\pi} \int_{-\infty}^{\infty} S_{xx}(\omega) e^{i\omega\tau} d\omega \qquad (4.11)$$

当 $\tau = 0$ 时,函数 $S_{xx}(\omega)$ 的物理意义为信号能量的度量。函数 $S_{xx}(\omega)$ 沿频率轴

的积分等于信号的均方值,因此 $S_{xx}(\omega)$ 又称为均方谱密度函数。

$$R_{xx}(0) = \Psi_x^2 = \frac{1}{2\pi}\int_{-\infty}^{\infty} S_{xx}(\omega)\mathrm{d}\omega$$

与自功率谱密度函数 $S_{xx}(\omega)$ 相似,两组信号 $x(t)$ 和 $y(t)$ 的互功率谱密度函数 $S_{xy}(\omega)$ 定义为互相关函数 $R_{xy}(\tau)$ 的傅里叶变换及其逆变换,即

$$S_{xy}(\omega) = \int_{-\infty}^{\infty} R_{xy}(\tau)\mathrm{e}^{-\mathrm{i}\omega\tau}\mathrm{d}\tau \tag{4.12}$$

$$R_{xy}(\tau) = \frac{1}{2\pi}\int_{-\infty}^{\infty} S_{xy}(\omega)\mathrm{e}^{\mathrm{i}\omega\tau}\mathrm{d}\omega \tag{4.13}$$

自功率谱密度函数和互功率谱密度函数简称为自功率谱和互功率谱。自功率谱可以对动态信号的频率组成和频率结构进行分析,还可识别和判断周期信号和随机信号。通过互功率谱和自功率谱之间的关系,可以测量出系统的频率特性。

求解功率谱密度常用的方法有周期图法和自相关法。功率谱密度为信号自相关函数的傅里叶变换,通过求信号的自相关函数,继而求解其傅里叶变换,则可以获得其功率谱,即所谓的自相关法;周期图法实际是信号进行傅里叶变换后,对幅值取均方获得其功率谱。在实际运算中,我们总是用有限长度的数据对信号进行功率谱密度的估计。

4.1.2 信号的总能量 E 与其各频谱分量之间的关系

由 Parseval 恒等式(周宏 等,2000)可以得到信号的总能量 E 与其各频谱分量之间的关系,即

$$\begin{aligned}E &= \frac{1}{2}\int_{-\infty}^{+\infty}|f(t)|^2\mathrm{d}t \\ &= \frac{1}{4\pi}\int_{-\infty}^{+\infty}|\hat{f}(\omega)|^2\mathrm{d}\omega \\ &= \int_{-\infty}^{+\infty}\frac{1}{2\pi}|\hat{f}(\omega)|^2\mathrm{d}\omega \\ &= \int_{0}^{+\infty}E(\omega)\mathrm{d}\omega\end{aligned} \tag{4.14}$$

式中, $E(\omega) = \frac{1}{2\pi}|\hat{f}(\omega)|^2$,称为 $f(t)$ 的能谱密度,简称能谱,代表单位频带内信号分量的能量,表示信号的各个分量能量在频域上的分布。式(4.14)说明了信号的总能量等于各个频谱分量的能量之和。

功率谱分析是以傅里叶变换为基础的频域分析方法,将时间序列的总能量分解为不同频率上的分量,根据不同频率波的方差贡献判断序列隐含的显著周期。功率谱分析是建立在平稳随机过程的基础上的,对非平稳随机过程存在一定的局限性。

4.1.3 仿真试验与分析

1. 构造仿真信号

1) X 信号

由三个频率信号及高斯噪声叠加构成,采样点数为 1 000,采样间隔为 1 d。信号 X 的原信号,组成成分和加噪信号如图 4.1 和图 4.2 所示。构成 X 信号的各组成成分如下:

(1) 年周期信号 x_1。$n(1\sim 364)=0, n(365\sim 730)=365\sim 730, n(731\sim 1000)=0, x_1=\sin(2n\pi/365)$。

(2) 半年周期信号 x_2。$t=1\sim 1\,000, x_2=\sin(2t\pi/180)$。

(3) 月周期信号 x_3。$t=1\sim 1\,000, x_3=3\sin(2t\pi/30)$。

(4) 噪声。高斯白噪声。

年周期信号只在 365~730d 内出现,幅值为 1;半年周期和月周期的初相位都为 0,幅值分别为 1 和 3;噪声是均值为 0、方差为 1 的白噪声。

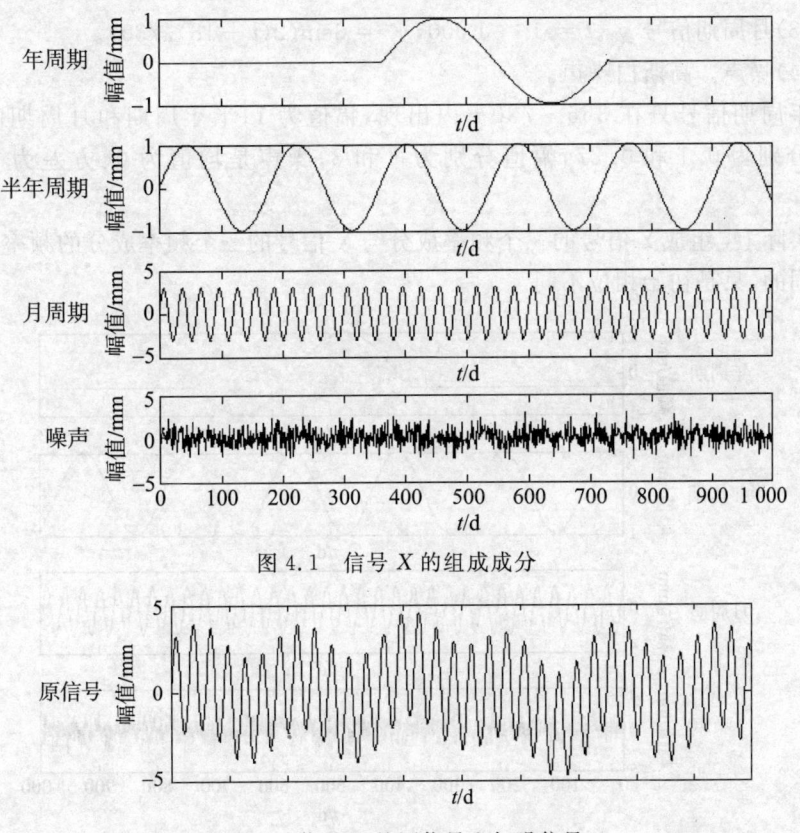

图 4.1 信号 X 的组成成分

图 4.2 信号 X 的原信号和加噪信号

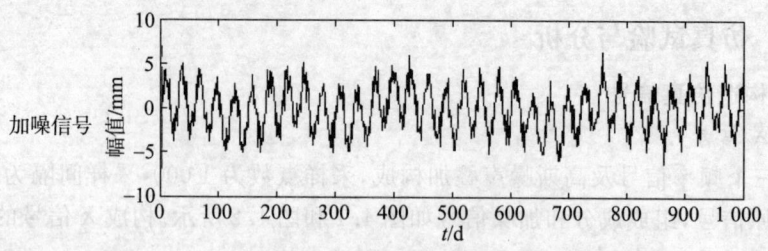

图 4.2　信号 X 的原信号和加噪信号(续)

2) Y 信号

由三个频率信号及高斯噪声叠加构成,采样点数为 1 000,采样间隔为 1d。信号 Y 的原信号,组成成分和加噪信号如图 4.3 和图 4.4 所示的构成。构成 Y 信号的各组成成分如下:

(1)年周期信号 y_1。$n(1 \sim 364) = 0, n(365 \sim 730) = 365 \sim 730, n(731 \sim 1\,000) = 0$,$y_1 = \sin(2(n-20)\pi/365)$。

(2)半年周期信号 y_2。$t = 1 \sim 1\,000$,$y_2 = \sin(2(t+18)\pi/180)$。

(3)月周期信号 y_3。$t = 1 \sim 1\,000$,$y_3 = 3\sin(2(t+18)\pi/30)$。

(4)噪声。高斯白噪声。

年周期信号只在 365~730 d 内出现,幅值为 1;半年周期和月周期的初始相位分别为 0.1 和 0.27,幅值分别为 1 和 3;噪声是均值为 0、方差为 1 的白噪声。

实际上,组成 Y 信号的三个频率成分与 X 信号的三个频率成分的频率和幅值是相同的,只是初始相位不同。

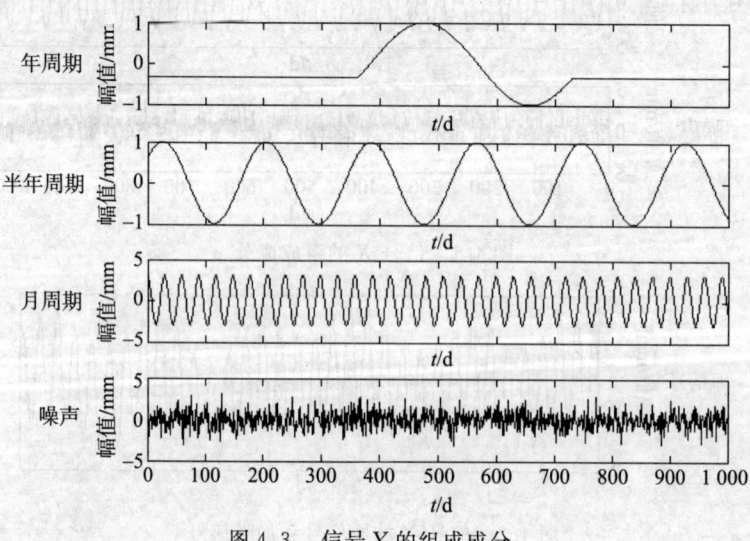

图 4.3　信号 Y 的组成成分

第 4 章 非平稳大地测量信号特征信息小波识别

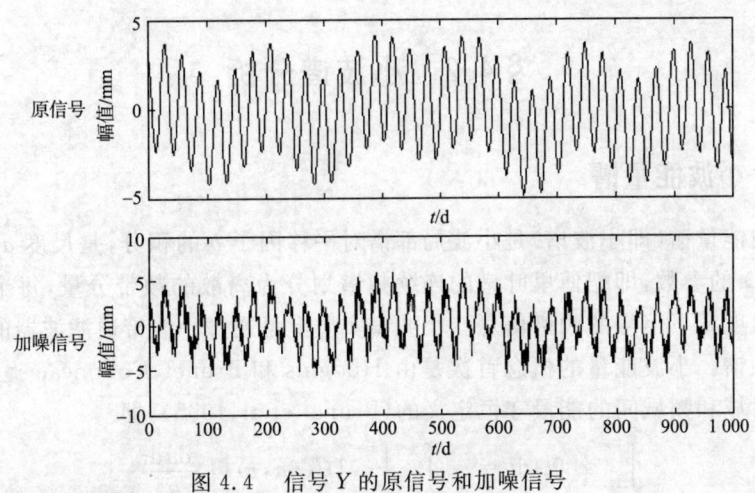

图 4.4 信号 Y 的原信号和加噪信号

2. 频谱分析

分别对信号 X 和信号 Y 进行傅里叶变换,计算其频率的功率谱密度如图 4.5 所示。可以看出,傅里叶分析能够识别出信号中存在月周期和半年周期的信号,但是月周期和半年周期信号的幅值和初始相位等时域信息无从得知。由于信号 X 和信号 Y 的主要频率成分是相同的,从功率谱密度图上,看不出两个信号的差异。而且,功率谱密度无法识别年周期的信号。如果 X 信号和 Y 信号的年周期的信号在整个观测区间都存在时,其功率谱密度如图 4.6 所示。比较图 4.5 和图 4.6,可以看出傅里叶分析无法探测间歇性信号。因此得出,傅里叶谱是对整个时间轴的积分,代表信号的整体频谱信息,不具备时频分析局部化能力,这是傅里叶分析对非平稳信号分析的局限性。

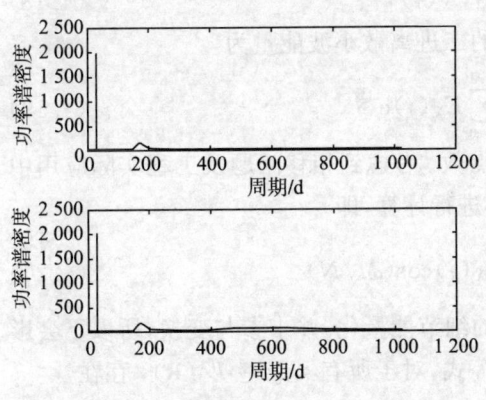

图 4.5 功率谱密度分析(有间歇性)

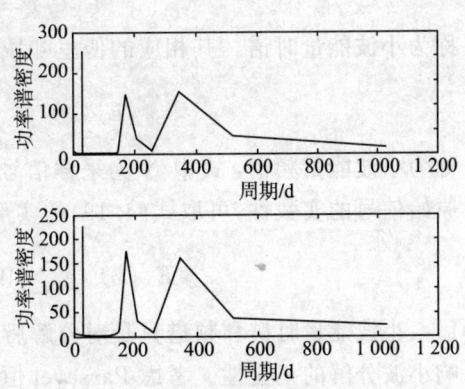

图 4.6 功率谱密度分析(无间歇性)

§4.2 小波谱分析

4.2.1 小波能量谱

小波能量谱(即小波谱)是小波局部谱对平移因子 b 的积分,是尺度 a(离散化表示为 k)的参数,即把傅里叶谱的连续频谱划分为离散的频带分量,每个频带代表特定尺度 a 下信号的频谱信息。小波谱实质上是通过小波带通滤波器的那部分信号的频谱。小波能量的概念首次是由 Hudgins 和 Brunet、Colloneau 提出的,它是基于时域和频域间的能量守恒定义的(Brunet et al,1995),即

$$\int_{-\infty}^{+\infty} x^2(t) \mathrm{d}t = \frac{1}{C_\varphi} \int_0^{+\infty} \int_{-\infty}^{+\infty} |C_X(a,\tau)|^2 \frac{\mathrm{d}a \mathrm{d}\tau}{a^2} \tag{4.15}$$

式中,$C_\varphi = \int_0^{+\infty} \frac{|\Psi(\omega)|^2}{|\omega|} \mathrm{d}\omega$,$C_X(a,\tau)$ 为小波系数。

连续信号 $x(t)$ 的小波谱 $W_X(a,\tau)$ 可用小波系数的模确定(Shannon, 1946),即

$$W_X(a,\tau) = C_X(a,\tau) \overline{C_X(a,\tau)} = |C_X(a,\tau)|^2 \tag{4.16}$$

对于离散信号 $x(t)$,设其离散小波变换为 $C_X(j)$,则有

$$\|x\|_2^2 \leqslant \sum_{j \in \mathbf{Z}} |C_X(j)|^2 \tag{4.17}$$

说明原始信号的二范数不大于小波变换各层细节信号绝对值的平方和。

第 j 层细节的能量 $E_X(j)$ 为

$$E_X(j) = |C_X(j)|^2 \tag{4.18}$$

称为小波能量时谱。其相应的傅里叶域的二进离散小波能量为

$$E_X(\omega) = \sum_{n=0}^{N-1} E_X(j) \mathrm{e}^{-\frac{\mathrm{i}\omega}{N}} \tag{4.19}$$

称为小波能量频谱,式中 N 为采样信号点数。考虑到相移问题及工程实际应用中原始信号的实数性,可取式(4.19)的实部进行计算,即

$$E_X(\omega) = \sum_{n=0}^{N-1} W_X(j) \cos(\omega t/N) \tag{4.20}$$

小波能量时谱和频谱只是对分解后的细节能量化,并未参与变换,所以不会影响小波分解的正交性。考虑 Parsevel 恒等式,对于所有 $x、y \in L^2(\mathbf{R})$,存在

$$\langle x, y \rangle = \int_{\mathbf{R}} x(t) y(t) \mathrm{d}t = \frac{1}{2\pi} \langle \hat{x}, \hat{y} \rangle \tag{4.21}$$

当 $x = y$ 时,有 $\|x\|_2^2 = \frac{1}{2\pi} \|\hat{x}\|_2^2$,由式(4.21)得到离散信号频谱与其小波谱之间的

关系为

$$\|\hat{x}\|_2^2 = 2\pi \|x\|_2^2 \leqslant 2\pi \sum_j |C_X(j)|^2 \tag{4.22}$$

考虑傅里叶逆变换，则得到离散信号的频谱与小波能量频谱之间的关系

$$\|\hat{x}\|_2^2 = \sum E_X(\omega) e^{\frac{i\omega}{N}} \tag{4.23}$$

此式说明，小波能量谱之和组成离散信号频谱的能量。

4.2.2 时间平均小波谱

小波谱实际上是一个二维矩阵，矩阵的行数和列数分别对应尺度个数和时间方向的采样点数。定义时间平均小波谱为小波谱在时间方向的均值，即

$$W_X(a_j) = \frac{1}{N} \sum_{n=0}^{N-1} |C_n(a_j)|^2 \tag{4.24}$$

式中，N 为采样点数，j 为尺度个数，且 $j = 0, 1, \cdots, J$。

时间平均小波谱反映了小波功率谱沿尺度方向的能量分布情况。因为在连续小波变换中，可以任意选择尺度方向的离散间隔，只要选择的间隔足够小，就可以得到相当精细的尺度分割。

由以上分析可知，小波能量谱将小波变换和傅里叶变换的谱分析结合起来，可在时域中记录信号的突变时间，又可在频域中提取信号突变的频段，通过信号在小波变换的各分解层上的小波能量时谱和能量频谱分析信号的特征。

以 §4.1 中仿真信号 X 为例，其时间平均小波谱分析如图 4.7 所示。与经典的傅里叶谱分析相比，小波谱分析具有以下优点：

（1）能够探测到信号中存在的所有频率成分，功率谱分析变换无法探测到年周期，而从小波谱中能够清楚地看到存在这一频率成分。

（2）反映了这些频率成分在整个观测区间内的幅值变化情况。

（3）反映了噪声分布情况。

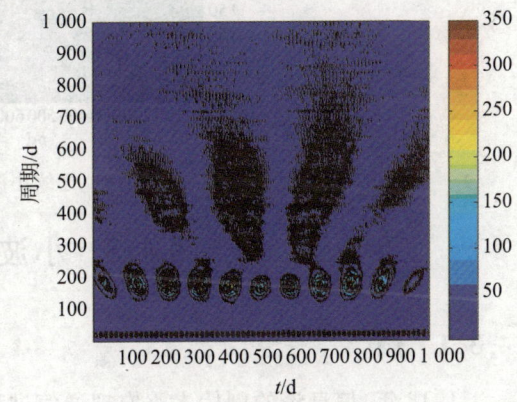

图 4.7 小波谱分析

可以将多分辨率分析和连续小波分析相结合，分析信号的特征。

（1）多分辨率分析。将信号 X 进行 7 层分解，提取第 7 层上的低频、高频和第 4 层高频信号分别为年周期、半年周期、月周期信号，如图 4.8 所示。从图中能够清楚地看出，各个月、半年、年频率成分的变化情况。

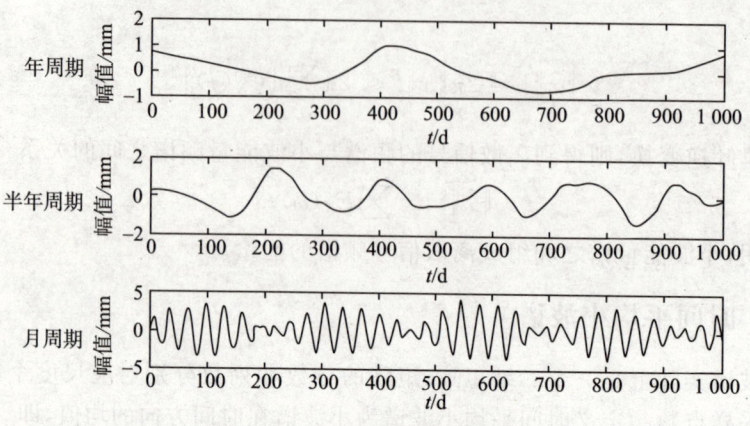

图 4.8 小波多分辨率分析图

（2）连续小波谱分析。如图 4.9 所示，连续小波变换能够通过尺度的动态变化表征信号的时间变化特征，计算相应尺度的连续小波谱，能够反映各频率成分的变化情况，而且对变化的间歇性有了进一步的了解。

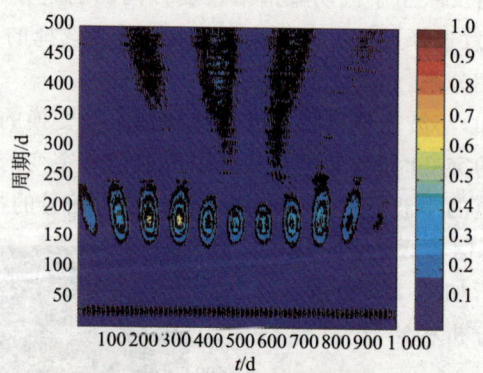

图 4.9 连续小波谱分析

§4.3 小波熵分析

4.3.1 熵

1948 年，信息论的创始人香农把通信过程中信号源的信号不确定性称为信息熵，并给出了信息熵的计算公式，即

$$H = -\sum_{i=1}^{n} p_i \log_2 p_i$$

式中，p_i 为概率。它具有以下基本性质：

（1）当且仅当 $p\{X=x_i\} = p_i (i=1,2,\cdots,n)$ 之中的一个等于1时，熵 $H=0$，其他情况下，熵恒为正。

(2) 对于给定的 n,当所有 $p\{X=x_i\}=p_i(i=1,2,\cdots,n)$ 都相等,即 $p_i=1/n$,熵 H 达到最大值,其值为 $\log_2 n$。

熵作为度量系统不确定性程度的度量准则,当系统所含的信息量越大,系统的不确定性就越少,则信息熵就越小;反之,系统的无序程度越高,则信息熵就越大,系统所包含的信息量就越少。

基于信息熵的概念,以功率谱为基础,在信号的频域内可以计算信号的谱熵:设信号 $x(n)$ 的离散傅里叶变换为 $F(\omega)$,则其功率谱密度为 $S(\omega)=\dfrac{1}{N}|F(\omega)^2|$。由于信号从时域变换到频域的过程中能量守恒,即 $\sum x^2(t)t=\sum|F(\omega)|^2\omega$,因而 $S=\{S_1,S_2,\cdots,S_n\}$ 可以看做是对原始信号的一种划分,第 i 个功率谱在整个频谱中所占的百分比为 $P_i=\dfrac{S_i}{\sum\limits_{i=1}^{n}S_i}$,则功率谱熵定义为

$$H=-\sum_i P_i \log_a P_i \tag{4.25}$$

谱熵是信号复杂度的一种度量。信号的功率谱谱峰越狭窄,谱熵越小,表示信号波形比较有规律,复杂度小;功率谱越平坦,谱熵越大,信号复杂度高。

香农熵(Sello,2003) H_S 在连续框架中的定义为

$$H_S=\int_{-\infty}^{+\infty}-f(x)\ln f(x)\mathrm{d}x \tag{4.26}$$

式中,$f(x)$ 是变量 x 的连续概率密度函数。

将香农熵引申到能量分布中。根据傅里叶能量分布,用 H_{FS} 表示基于傅里叶变换频率分布熵,定义为

$$H_{FS}=\int_0^{+\infty}(-P_{XX}(\omega))\ln P_{XX}(\omega)\mathrm{d}\omega \tag{4.27}$$

式中,$P_{XX}(\omega)$ 是变量 x 的傅里叶谱。同样,也可以推广时频分布。Cohen 用 $C(t,\omega)$ 表示时频能量,定义为

$$C(t,\omega)=\dfrac{1}{4\pi^2}\iiint \phi(\theta,\tau)x\left(u+\dfrac{\tau}{2}\right)x\left(u-\dfrac{\tau}{2}\right)\mathrm{e}^{\mathrm{i}(\theta u-\theta t-\omega\tau)}\mathrm{d}u\mathrm{d}\theta\mathrm{d}\tau \tag{4.28}$$

时频分布熵 H_{TED} 可定义为

$$H_{TED}(t,\omega)=\int_0^{+\infty}-|C_X(t,\omega)|^2\ln(-|C_X(t,\omega)|^2)\mathrm{d}t\mathrm{d}\omega \tag{4.29}$$

式(4.29)考虑了系统混乱的暂态变化。

4.3.2 连续小波熵

香农熵构成了通过能量概率密度函数分布分析系统条理性或混乱性的有效准则。将其引入时间尺度分布,称为小波熵,实现信号的时间尺度局部化熵分析。

连续小波熵 S_W 定义为(Blanco,1998)

$$S_W(t) = \int_0^{+\infty} -P_W(a,t)\ln P_W(a,t)\mathrm{d}a \tag{4.30}$$

式中，$P_W(a,t) = \dfrac{|E_\Psi^x(a,t)|^2}{\int |E_\Psi^x(a,t)|^2 \mathrm{d}a}$，即为尺度 a 和时刻 t 的小波能量 $E_\Psi^x(a,t)$ 的概率分布。

当信号单一、有序时，小波熵取得最小值；而当信号由杂乱信号叠加构成时，小波熵取得最大值。即当信号是有序且为单频率信号时，它的小波多分辨率分析或连续小波表示是由唯一尺度或层次确定的。该特殊层次几乎包含信号的全部能量，小波熵将接近于 0。当信号中存在大量的噪声，各层次都包含一定的能量，小波熵将最大。通过这种多尺度方法可以自动探测包含在系统中的主要复杂过程的有关尺度信息。

4.3.3 离散小波熵

离散小波熵也称多分辨率分析小波熵，可以定义为(Blanco,1998)：多分辨率分析系数为 $C_{xx}(j,k)$，在 k 时刻 j 尺度的能量可近似为 $E(j,k) = |C_{xx}(j,k)|^2$，将所有时刻 k 的 N 个能量相加，得到尺度 j 的平均能量为

$$E(j) = \frac{1}{N}\sum_k E(j,k) \tag{4.31}$$

为与香农熵框架一致，概率密度函数可定义为各层能量与总能量的比值，即

$$P_E(j) = \frac{E(j)}{\sum_j E(j)} \tag{4.32}$$

这与各尺度的能量概率是一致的。同时可以看出，$P_E(j)$ 存在以下关系

$$\sum_j P_E(j) = 1 \tag{4.33}$$

与连续小波熵类似，j 尺度的多分辨率分析小波熵 $H_{MR}(j)$ 定义为

$$H_{MR}(j) = -P_E(j)\ln P_E(j) \tag{4.34}$$

小波熵是信号不确定度的估计。当信号是以有序过程为特征时，小波熵取得最小值；而当信号由大量过程叠加构成，小波熵取得最大值。即当信号是有序单频率信号时，它的小波多分辨率分析或连续小波表示是由唯一尺度或层次确定的。该特殊层次几乎包含信号的全部能量，小波熵将接近于 0。当信号中存在大量的噪声，如所有的层次都包含一定的能量，这些层次可认为含有相同层次的能量，小波熵将最大。

4.3.4 仿真实例与分析

以 §4.1 中仿真信号 X 为例，对其进行小波熵分析。如图 4.10 所示，月周

期的波峰较窄,半年周期次之,年周期的波峰最宽,说明月周期最有规律,年周期的规律性最差,这与小波谱分析是一致的;月周期的熵值最大,年周期的熵值最小,说明月周期受噪声的影响相对最强,杂乱信号较多,年周期受噪声的影响最弱,杂乱信号较少。

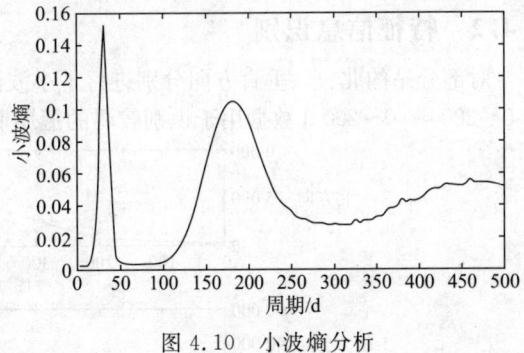

图 4.10 小波熵分析

§4.4 特征信息识别与分析

4.4.1 数据来源

数据采用山东地壳运动 GPS 观测网络部分基准站处理后的数据,时间为 2007 年 1 月至 2008 年 7 月。在数据处理中,误差的消除或减弱,通常采用模型改正或附加参数估计的方法。基于目前国际上最新的研究成果,确定了下列数据处理的方法和模型,以期获得最佳的结果。数据处理以 24 h 为一个处理时段(李杰 等,2007)。

——采用轨道松弛模式,为后期与 IGS 全球解的结合提供结合点。

——采用 IGS 快速精密星历(IGS 精密星历延迟两周),并对卫星轨道给予 10^{-9} 量级的约束。

——极移和 UT1(经极移改正的世界时)采用 USNO 的 Bull_A 值并给予强约束。

——IGS 站东西向、南北向和垂直方向分别以 2 cm、2 cm 和 5 cm 约束于 IGS05;山东基准站位置的先验约束为 1 m。

——地球重力场模型、固体潮模型、极潮模型采用 IERS2003 的最新规范。

——海潮引发的测站地壳形变采用 FES2004 全球海潮模型进行改正,并同时顾及海潮导致的地球质心的变化。

——采用 LC 线性组合消除电离层折射的延迟。

——大气层干分量的天顶延迟由 GPT 模型计算获得,湿分量的天顶延迟由参数估计确定,每个站每 2 h 估计 1 个天顶延迟参数,映射函数采用 GMF 模型。顾及大气的不均匀性,对每个站的东西向和南北向各附加 1 个大气水平梯度参数。

——采用绝对的 ELEV 模型改正卫星和接收机天线的相位中心变化。

——数据采样率:30 s 数据编辑,120 s 基线解算。

——卫星截止高度角取为 $10°$,观测值采用误差模型 $RMS = a^2 + b^2/\sin^2 h$(mm) 定权,模型中的 a 值和 b 值由观测值的残差分析拟合获得,h 是高程。

——对长度小于 6 000 km 的基线解求整数的相位整周模糊度。

4.4.2 特征信息识别

对部分站的北、东、垂直方向分别进行了小波谱、小波熵分析,数据分别为 0~600 d 和 0~200 d。0~200 d 数据用于识别较弱的短周期项。结果如图 4.11 至图 4.19 所示。

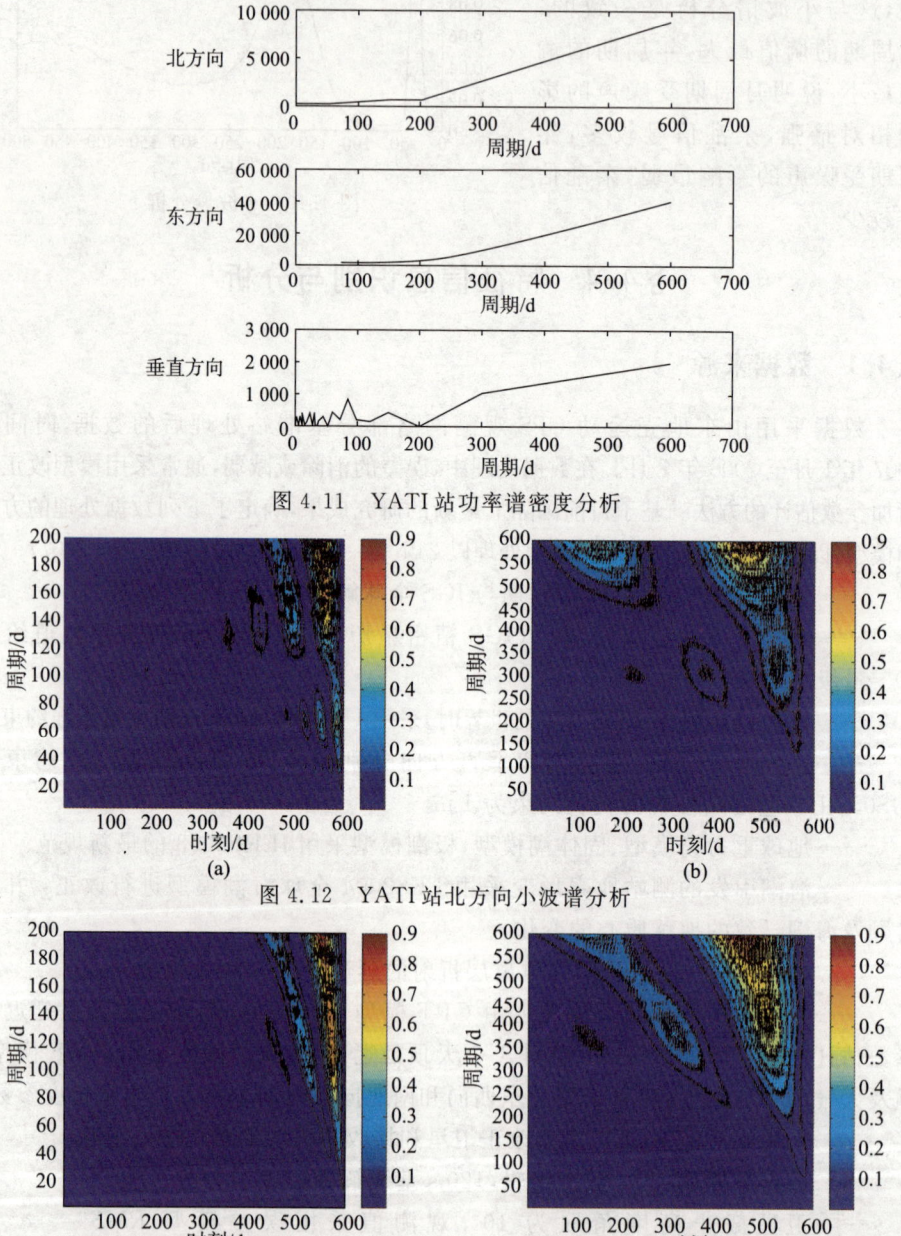

图 4.11 YATI 站功率谱密度分析

图 4.12 YATI 站北方向小波谱分析

图 4.13 YATI 站东方向小波谱分析

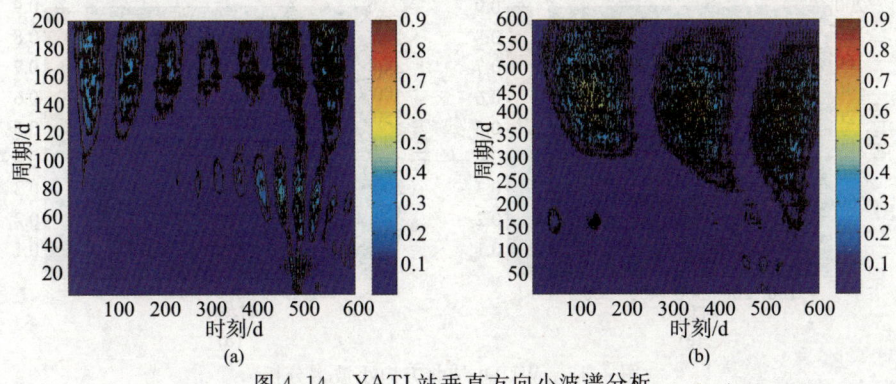

图 4.14 YATI 站垂直方向小波谱分析

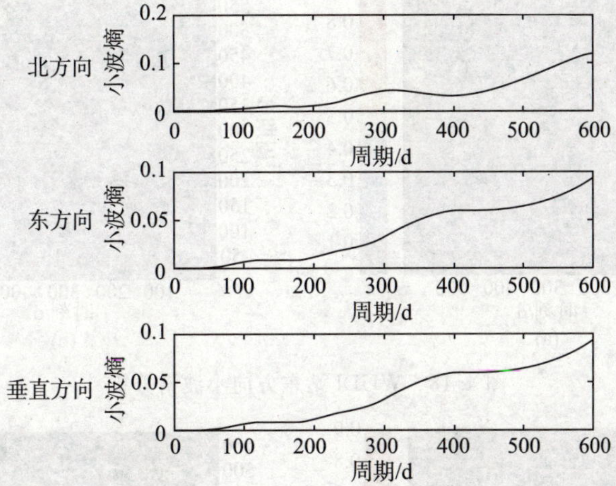

图 4.15 YATI 站小波熵分析

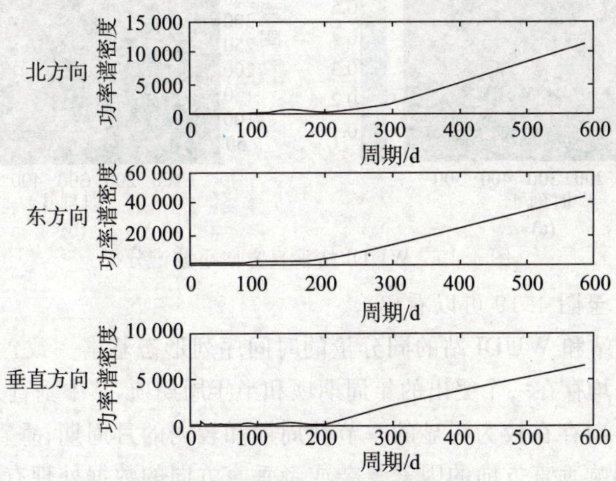

图 4.16 WUDI 站功率谱密度分析

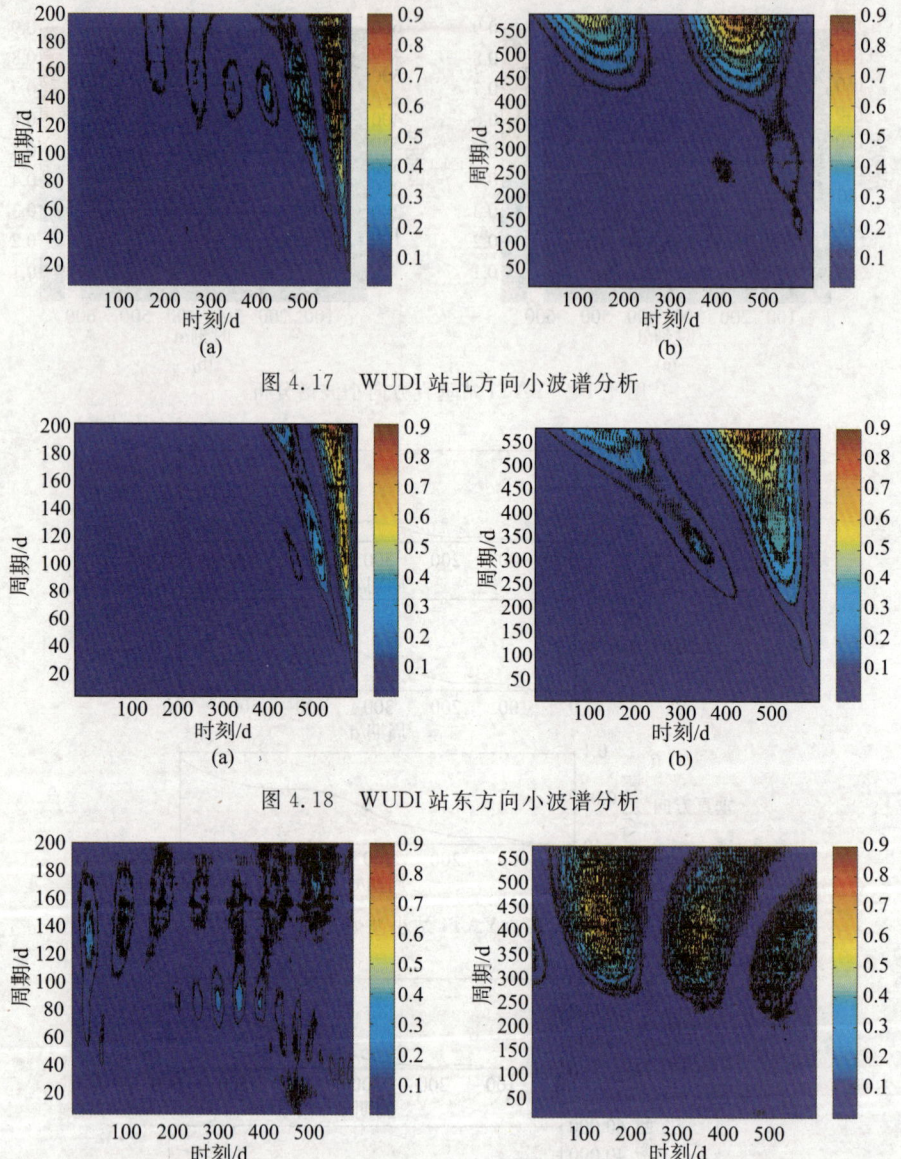

图 4.17　WUDI 站北方向小波谱分析

图 4.18　WUDI 站东方向小波谱分析

图 4.19　WUDI 站垂直方向小波谱分析

由图 4.11 至图 4.19 可以看出：

(1)YATI 站和 WUDI 站的同分量的时间序列形态基本一致。

(2)各方向均存在一个突出的年周期项和半年周期项，其中垂直方向更为突出。

(3)垂直方向存在较为明显的季节性周期和较弱的月周期；垂直方向的变化较为突出，说明影响垂直方向的因素复杂或者垂直方向的数据处理有待改善。

(4) 不同的尺度有不同的识别效果,较细的分辨率能探测到较弱的特征项。

(5) 图 4.14 和图 4.19 反映了各种频率(周期)成分在整个观测区间内的幅值变化情况,其中年周期项的幅值最大,半年周期次之,月周期最小。

(6) 季节周期和月周期在不同的时期表现出较大的差别。

§4.5 本章小结

不同大地测量信号的能量分布有一定差异,且与表征信号变化的尺度有关,随着尺度的变化而变化。本章针对大地测量信号随机、非平稳性,将小波变换和傅里叶变换的谱分析结合起来,充分利用小波的局部分析功能,研究小波能量时谱和能量频谱分析信号的特征;研究小波熵,识别大地测量信号的主要复杂过程或成分。通过实例,分析研究表明:①功率谱分析是建立在平稳随机过程的基础上的。当信号是全局、平稳信号时,该方法是有效的,当信号是非平稳随机过程时,则存在一定的局限性。②小波能量谱将小波变换和傅里叶变换的谱分析结合起来,可在时域中记录信号的突变时间,又可在频域中提取信号突变的频段。通过信号在小波各分解层上的小波能量时谱和能量频谱分析信号的特征,可以有效地探测大地测量信号内涵的特征信息。③小波熵可用于探测大地测量信号中的主要复杂过程(信息)。当信号单一、有序时,小波熵取得最小值;而当信号由杂乱信号叠加构成,小波熵取得最大值。④通过这种多尺度方法可以自动探测包含在系统中的主要复杂过程的有关尺度层次。为了探测微弱特征信息,可以提高分辨率。⑤通过山东基准站数据分析,清楚地探测到微弱的月周期、半年周期和年周期及其复杂性,表明利用小波谱和小波熵探测大地测量信号内涵的特征信息的方法是有效的。

第5章 大地测量信号特征项分离与提取

本章针对大地测量信号特征信息在小波包分解与重构过程中存在的频率混淆现象,分析产生频率交错和频率折叠等频率混淆现象的机理,研究相应的改进算法,采取相应的措施,减弱或消除频率混淆的影响,达到小波包单子带重构分离和提取大地测量信号特征项的目的。

§5.1 大地测量信号的频率混淆现象

大地测量信号中包含有多种信息。以 GPS 信号为例,其内涵的信息表现出一定的周期性(李征航 等,2005):

(1)电离层中的电子密度分布极不均匀,它随着高度、时间、季节和测站地理位置的不同而变化。电子含量随地方时变化作周日变化,一般而言,白天(8:00~18:00)的电子含量高,黑夜的电子含量低。由于太阳辐射强度还随着季节变化而不断改变,如 7 月份和 11 月份的电子含量相差 4 倍,所以电子含量也作周年变化。

(2)对流层折射误差与地面气候、大气压力、温度和湿度变化密切相关。一天内的气温变化表现在信号中的频率为 1.2×10^{-5} Hz。24 h 的大气压变化一般不大,而且存在一定的周期性,地方大气压变化主要表现为季节性变化。

(3)多路径误差不仅在数值上与接收天线周围的介质和距离有关,而且会随时间发生变化,呈现周期性变化特征。多路径效应的周期一般在几十秒至几十分钟之间。

(4)广播星历的早期精度是 20~100 m,目前随着摄动力模型和定轨技术的不断完善已可达 5~10 m,甚至达到更高的精度。在一个观测时间段内星历误差属于系统性误差,是起算数据误差。它将严重影响单点定位的精度,也是精度相对定位中的重要误差源。

(5)处于不同等位面的振荡器,其频率将因引力位不同而产生变化,这种现象称为引力频移。除卫星钟频率漂移外,广义相对论影响还包括由于地球引力场引起的信号传播的几何延迟,常称为引力延迟。当卫星接近地平面时引力延迟取得最大值,约为 19 mm;当卫星在测站天顶方向时引力延迟取得最小值,约为 13 mm。月球在绕地球转动时一个月内有两个近月时,所以月球引力所引起的周期项为半个月。

(6)地球旋转改正与卫星位置及卫星和接收机的相对位置有关,此项误差相关性较强。而当基线较长时,误差相关性减弱,定位计算前应首先改正此项误差。地球自转对于卫星的影响周期为 1 d。

(7)在太阳和月球的万有引力作用下,固体地球要产生周期性的弹性形变,称为固体潮。此外,在太阳和月球引力作用下,地球上的负荷也将发生周期性的变动,使地球产生周期的形变,称为负荷潮汐。潮汐根据其作用的周期不同可分为:日潮周期 1 d,半月潮周期 13.7 d,月潮周期 27.6 d,太阳的半年潮汐周期 182.6 d,太阳的年潮汐周期 365.3 d。极潮不存在日周期,一天内对测站产生的位移基本是一个常数,在一年之内的最大变化为 10 mm。与海潮相比,极潮的长期形变量要大得多,如果不考虑极潮改正,测站坐标季节性变化,极潮影响将成为主要因素。极潮周期为 15d。

以上各种信息在频域内表现出不同的频率,如何提取其中的特征项是大地测量数据处理的重要内容之一,对分析非线性大地测量信号规律具有重要的意义。

如第 2 章所述,小波包分析为信号提供一种更精细的分析方法,它将频带进行多层次划分,对小波多分辨率分析没有细分的高频部分进行进一步分解,并根据被分析信号特征,自适应选择相应频带,使之与信号频谱相匹配。为了提取信号序列中第 j 层上的第 i 个小波包对应频带信息,需采用单子带重构。其基本思想是:首先将信号利用小波包进行分解,得到各尺度上的小波系数;然后将各子带上的小波系数分别重构至原始信号,从而达到特征信息提取的目的。但小波包分解与重构过程中有三个基本运算:与小波滤波器卷积、隔点采样、隔点插零。三个基本运算都产生频率混淆现象(杨建国,2005)。

§5.2 小波包变换中的频率混淆

5.2.1 小波滤波器非理想性

理论上,小波滤波器应具有截止特性,即 h、H 为理想低通滤波器,g、G 为理想高通滤波器。假设信号的采样频率为 f_s,角频率为 ω,规范化频率为 Ω,三者之间的关系为 $\Omega = \omega/f_s$。

理想低通滤波器 h、H 的频率相应为(杨建国,2005)

$$f(\Omega) = \begin{cases} 1 & |\Omega| \leqslant \dfrac{\pi}{2} \\ 0 & \dfrac{\pi}{2} < |\Omega| < \pi \end{cases} \tag{5.1}$$

理想高通滤波器 g、G 的频率相应为

$$f(\Omega) = \begin{cases} 0 & |\Omega| < \dfrac{\pi}{2} \\ 1 & \dfrac{\pi}{2} \leqslant |\Omega| < \pi \end{cases} \tag{5.2}$$

如果小波滤波器是理想的,第 j 层上的第 i 个节点的小波包的频带 I_j^k 由式(5.3)确定,即

$$I_j^k = [-(k+1)\pi 2^{-j}, -k\pi 2^{-j}] \cup [k\pi 2^{-j}, (k+1)\pi 2^{-j}] \quad (5.3)$$

式中,$k = i-1, i = 2^0, 2^1, \cdots, 2^j$。而实际工程中第 j 层上的第 i 个节点的小波包的频带仅为 I_j^k 的正频率部分,即

$$I_j^k = [k\pi 2^{-j}, (k+1)\pi 2^{-j}] \quad (5.4)$$

实际应用的小波滤波器不是理想的,不具有锐截止特性,使得信号与其系数卷积后,产生各子带中含有相邻子带的分量和幅值失真的现象。

5.2.2 隔点采样

隔点采样是降低采样频率的一种方法,其做法是在信号样本中隔一个点选取一个点。隔点采样后的信号 $v(m)$ 和隔点采样前的信号 $x(n)$ 之间存在的关系为

$$v(m) = x(2m) \quad (5.5)$$

实际上,式(5.5)是一种变换,可以表示为 $v = \boxed{\downarrow 2}\, x$。

定理 5.1　变换 $v = \boxed{\downarrow 2}\, x$ 的频域表示为(杨建国,2005)

$$V(\Omega) = \frac{1}{2}\left[X\left(\frac{\Omega}{2}\right) + X\left(\frac{\Omega}{2} + \pi\right)\right] \quad (5.6)$$

这说明,隔点采样产生以下结果:①采样频率减半;②采样后信号频谱中多出一项 $X\left(\frac{\Omega}{2} + \pi\right)$;③ 采样后信号的频谱值减半。

采样频率减半,是隔点采样的目的,采样后信号的频谱值减半可以通过作傅里叶变换时取真值来解决,但是对采样后信号频谱中多出的一项 $X\left(\frac{\Omega}{2} + \pi\right)$ 的处理比较复杂。如果 $X(\Omega)$ 的频带不在 $|\Omega| \leqslant \frac{\pi}{2}$ 之内,则将产生频率折叠,折叠的中心频率为 π 和 $-\pi$。如图 5.1 所示,如果 $X(\Omega)$ 的频带在 $|\Omega| \leqslant \frac{\pi}{2}$ 之内,则不产生频率折叠,多出项 $X\left(\frac{\Omega}{2} + \pi\right)$ 可以通过滤波的方法来除掉。但是如果产生频率折叠,折叠的频率分量是无法除掉的,将保留在隔点采样后的信号中,造成信号失真。

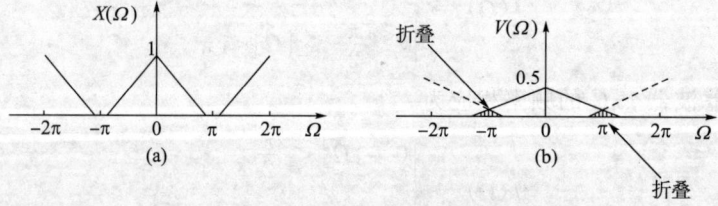

图 5.1　隔点采样中的频率折叠

原始信号的采样频率为 f_s，在小波包变换算法中，2^j 尺度上信号的采样频率为 $2^{-j}f_s$，信号的角频率为 $\omega = 2\pi f_s$，设规范化频率 $\Omega = \dfrac{\omega}{f_s} = \pi$，则可得小波包变换算法中 2^j 尺度上隔点采样的频率折叠以 $f = \dfrac{1}{2^{j+1}}f_s$ 为对称中心。

5.2.3 隔点插零

在时域中隔点插零是在离散时间信号的每两个采样点之间插入一个零值。隔点插零前信号 $v(m)$ 和隔点插零后信号 $u(n)$ 之间的关系为

$$\left.\begin{array}{l} u(2k) = v(k) \\ u(2k+1) = 0 \end{array}\right\} \quad (k \in \mathbf{Z}) \tag{5.7}$$

该变换可表示为 $u = \boxed{\uparrow 2}\, v$，它存在以下定理（杨建国，2005）。

定理 5.2 变换 $u = \boxed{\uparrow 2}\, v$ 的频域表示为

$$U(\Omega) = V(2\Omega) \tag{5.8}$$

$V(\Omega)$ 的周期为 2π。由定理 5.2 可知，隔点插零后 $U(\Omega)$ 以 π 为周期。也就是说，经过隔点插零，原始信号的频谱被压缩在 $|\Omega| \leqslant \dfrac{\pi}{2}$ 之内，并且在被压缩的频谱旁边产生了一个映像。如图 5.2 所示，原始信号的采样频率为 f_s，在小波包变换算法中，2^j 尺度上信号的采样频率为 $2^{-j}f_s$，信号的角频率为 $\omega = 2\pi f_s$，设规范化频率 $\Omega = \dfrac{\omega}{f_s} = \dfrac{\pi}{2}$，则可得小波包变换算法中，$2^j$ 尺度上隔点采样的频率折叠以 $f = \dfrac{1}{2^{j+2}}f_s$ 为对称中心。

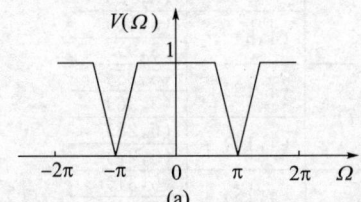
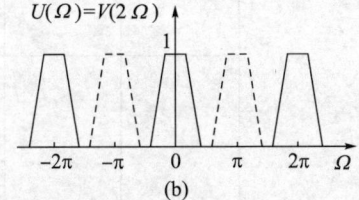

图 5.2 频域中的隔点插零

实际上，隔点插零中产生映像和隔点采样中产生频率折叠是两个相反的过程。在隔点采样中，两个输入的频率分量 Ω 和 $\Omega + \pi$ 产生一个输出 2Ω，而在隔点插零中，一个输入的频率分量 Ω 产生两个输出频率分量 $\dfrac{\Omega}{2}$ 和 $\dfrac{\Omega}{2} + \pi$。正是隔点采样和隔点插零存在互逆的特点，使得小波包变换仍能够完全重构，所以小波包变换在类似数据压缩、信号消噪等方面是很好的分析工具。而当用该算法来提取一个复杂信号中的某个、某几个频率成分或某个频段的信号分量时，频率折叠就是一个不容忽视的问题了。

§5.3 消除频带交错

小波包分解与小波分解的区别在于,小波包分解对小波分解后各层的细节部分(高频部分)继续利用分解滤波器 H 和 G 进行再分解。而小波分解中各层的细节部分不满足采样定律(即采样频率不小于信号最高频率的两倍)。因此,对各层的细节部分再利用分解滤波器 H 和 G 进行再分解,实际上是对虚假信号进行再分解,对这部分的重构也完全是对虚假的信号进行重构。因此,相对于小波分解与重构,小波包分解与重构中的频率混淆更加严重。

以 5 层小波包分解为例,表 5.1 给出了其频带交错规律,(i,j) 表示小波包分解树的第 i 层上的第 j 个小波包。

表 5.1 小波包变换单点重构频带交错规律

层	1	2	3	4	5
(1,1)	(2,1)	(3,1)	(4,1)	(5,1)
				(5,2)
			(4,2)	(5,4)
				(5,3)
		(3,2)	(4,4)	(5,7)
				(5,8)
			(4,3)	(5,6)
				(5,5)
	(2,2)	(3,4)	(4,7)	(5,13)
				(5,14)
			(4,8)	(5,16)
				(5,15)
		(3,3)	(4,6)	(5,11)
				(5,12)
			(4,5)	(5,10)
				(5,9)
(1,2)	(2,4)	(3,7)	(4,13)	(5,25)
				(5,26)
			(4,14)	(5,28)
				(5,27)
		(3,8)	(4,16)	(5,31)
				(5,32)
			(4,15)	(5,30)
				(5,29)
	(2,3)	(3,6)	(4,11)	(5,21)
				(5,22)
			(4,12)	(5,24)
				(5,23)
		(3,5)	(4,10)	(5,19)
				(5,20)
			(4,9)	(5,18)
				(5,17)

小波包变换的频带交错是有规律可循的,即每个低频子带节点的向下分解不产生频带交错,而每个高频子带节点的向下分解要产生频带交错,而且低层的交错要带

入高层进一步产生交错,频带交错的复杂度随着分解层次的增加而增加。可以根据该规律,将各节点重新排序即可消除频带交错(薛蕙 等,2003;纪跃波,2005)。

§5.4 消除频率重叠

根据隔点采样产生的频率折叠和隔点插零产生的映像的方向恰恰相反这一特性,对小波包的分解与重构算法进行改进,产生的小波包分解和单子带重构算法是改善小波包变换算法频率折叠问题的一个有效方法。其基本思想是:应用小波包分解算法,得到各尺度上的小波包系数,然后将各子带上的小波包系数分别重构至与原始信号相同的尺度(纪跃波,2005)。

单子带重构算法为

$$
\left.\begin{aligned}
p_0^1(t) &= \underbrace{\sum_k h(t-2k) \cdots \sum_k h(t-2k) \sum_k h(t-2k) p_J^1(t)}_{J\text{次求和运算}} \\
&\vdots \\
p_0^{2^J}(t) &= \underbrace{\sum_k g(t-2k) \cdots \sum_k g(t-2k) \sum_k g(t-2k) p_J^{2^J}(t)}_{J\text{次求和运算}}
\end{aligned}\right\} \quad (5.9)
$$

比较小波包重构算法和单子带重构算法示意图(图 5.3)可以看出,小波包重构算法是以层为单位的,即从第 j 层开始,每两个子带插零并与相应低频和高频重构滤波器卷积后相加,得到 $j-1$ 层的小波包系数,按照同样的方法,重构回原始数据;而单子带重构算法是以子带为单位的,即将第 J 层上的 2^J 个小波包分别应用相应重构滤波器,重构回原始数据后,再叠加。单子带重构算法在隔点采样后,直接隔点插零,这样可以充分利用隔点采样和隔点插零的反向折叠作用,从而有效地消除频率折叠。

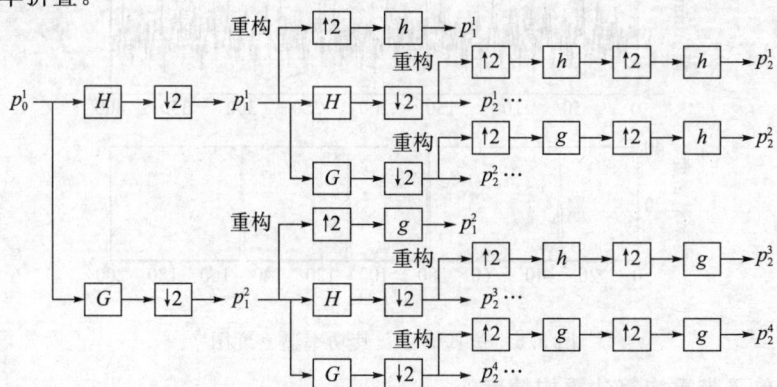

图 5.3 二进小波包分解和单子带重构快速算法示意图

$\boxed{H}$—与滤波器 H 卷积;$\boxed{G}$—与滤波器 G 卷积;$\boxed{h}$—与滤波器 h 卷积;
$\boxed{g}$—与滤波器 g 卷积;$\boxed{\downarrow 2}$—隔点采样;$\boxed{\uparrow 2}$—隔点插零

单子带重构算法的关键是各子带向上重构时重构滤波器的选择。第 J 层(J 是最大分解层次)上各小波包 p_J^i,当 i 是奇数时,选择低频重构滤波器向上重构;当 i 是偶数时,选择高频重构滤波器向上重构。取 $i=\lceil i/2 \rceil$,同样,当 i 是奇数时,选择低频重构滤波器向上重构;当 i 是偶数时,选择高频重构滤波器向上重构。按照同样的方法,直至重构回原始信号。

单子带重构算法的实现流程如图 5.4 所示,$P_0^0 = s(t)$ 为输入信号。

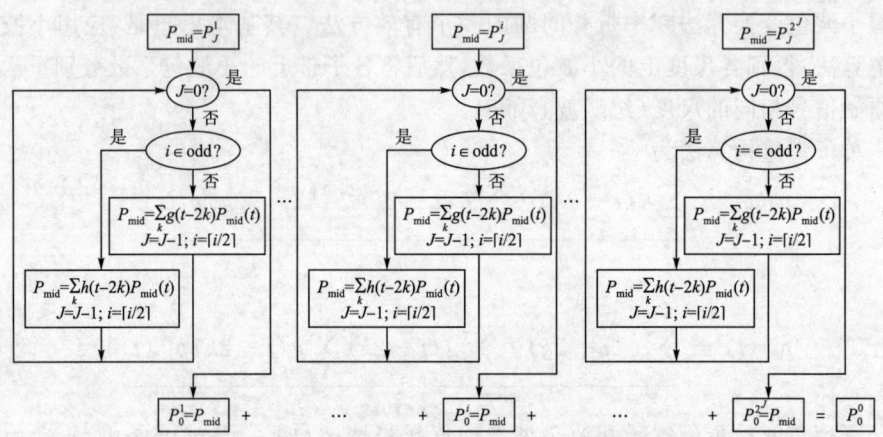

图 5.4 单子带重构算法的实现流程

设信号 $s(t)$ 由频率为 30 Hz、80 Hz、110 Hz 和 150 Hz,初始相位都为 0,幅值都为 1 的四个正弦波组成,即

$$s(t) = \sin(60\pi t) + \sin(160\pi t) + \sin(220\pi t) + \sin(300\pi t)$$

以 $f_s = 400$ Hz 的采样频率对信号进行采样后得到的信号如图 5.5 所示。

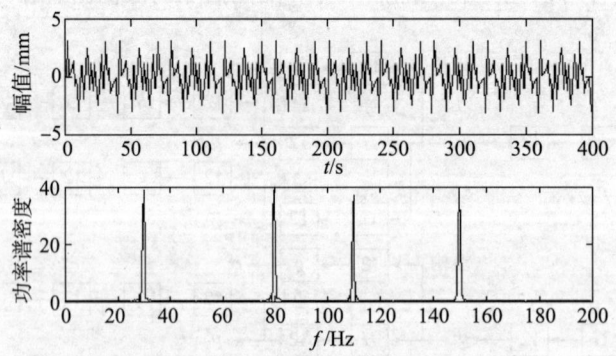

图 5.5 仿真信号及其功率谱密度图

1. 单子带重构算法重构精度

将该信号采用 db10 小波分解 4 层后的重构信号 s 和重构误差分别如图 5.6 和图 5.7 所示。单子带重构算法的误差精度达到 10^{-11}。

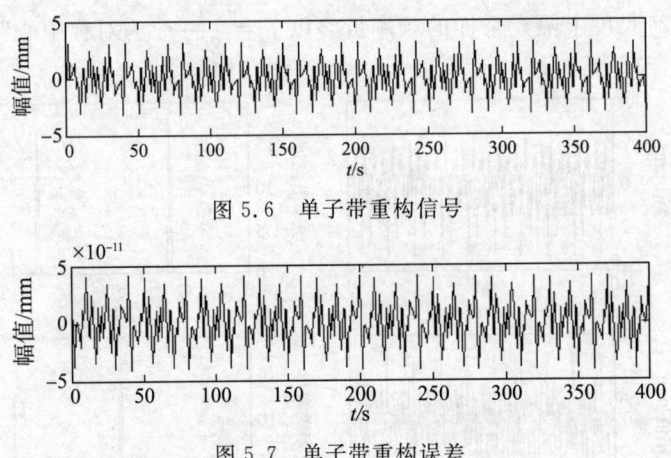

图 5.6 单子带重构信号

图 5.7 单子带重构误差

2. 隔点采样中的频率折叠

对本节中构造的信号 s，采用 db10 分解滤波器 H 和 G，分别与 s 卷积后得到 ca 和 cd，ca 和 cd 及其功率谱密度如图 5.8 所示。

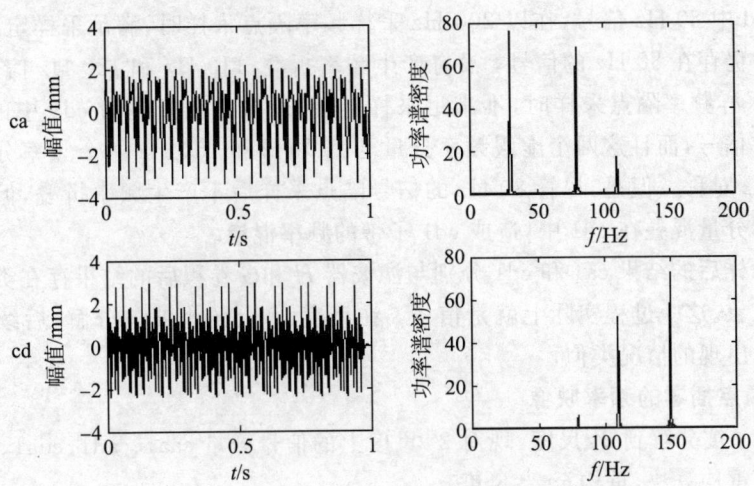

图 5.8 ca、cd 及其功率谱密度

从图 5.8 可以看出，由于滤波器 H 和 G 的非理想截止特性，ca 中存在多余的 110 Hz 的高频频率分量，cd 中存在多余的 80 Hz 的低频频率分量。

分别对 ca 和 cd 进行隔点采样，采样频率减为 200 Hz，分别得到 ca1 和 cd1。ca1 和 cd1 及其功率谱密度如图 5.9 所示。

从图 5.9 采样后的结果可以看出，ca1 中出现了 90 Hz 的不正确结果，这是由于 ca 中的高频分量 110 Hz，在以 200 Hz 采样频率隔点采样时，不满足采样定理而产生的频率折叠，而且这一虚假成分与 110 Hz 相对于 100 Hz 对称。这与"小波包

变换算法中 2^j 尺度上隔点采样的频率折叠以 $f = \dfrac{1}{2^{j+1}}f_s$ 为对称中心"是吻合的。

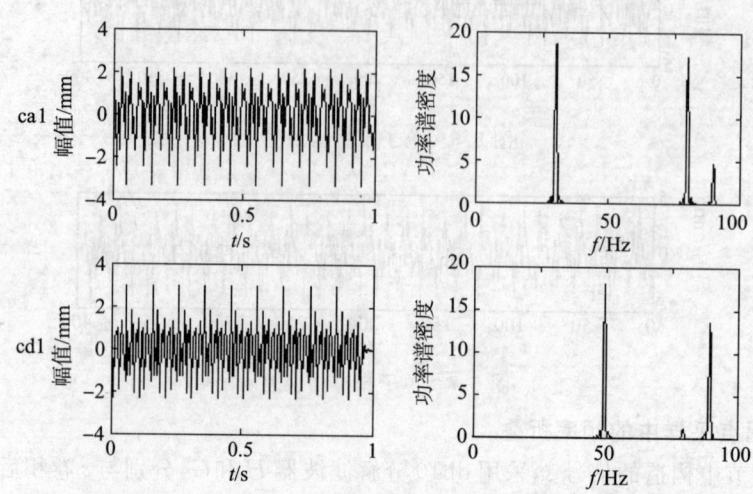

图 5.9 ca、cd 隔点采样后的 ca1、cd1 信号及其功率谱密度

而 cd 中 80 Hz 信号，在以 200 Hz 采样频率隔点采样时，满足采样定理，采样后 cd1 中仍存在 80 Hz 的信号，没有产生频率折叠；110 Hz 和 150 Hz 信号，在以 200 Hz 采样频率隔点采样时，不满足采样定理，而被完全折叠为 cd1 中的 90 Hz 和 50 Hz 信号，而且这两个虚假频率分量与 110 Hz 和 150 Hz 两个频率分量相对于 100 Hz 对称。但是，尽管 80 Hz 的信号隔点采样后不产生频率折叠，但是这一多余频率分量混叠在 cd1 中，造成 cd1 子带的频率混淆。

将采样后的结果 ca1 和 cd1 分别与滤波器 H 和 G 卷积后的结果存在类似的频率混淆现象。这一过程实际上就是信号 s 在尺度 2^2 上的小波包分解，后续更高尺度分解中出现的情况类似。

3. 隔点插零的频率映像

信号 s 被分解到 2^2 尺度，现对 2^2 尺度上的信号分量 caa1、cad1、cda1、cdd1 采用单子带重构算法，重构至 2^0 尺度。

对 caa1 进行隔点插零，采样频率增加一倍为 200 Hz，隔点插零后的信号 caa 及其功率谱密度如图 5.10 所示。隔点插零产生了 30 Hz 实际成分以 $400/2^{(2+1)} = 50$ Hz 为对称中心的 70 Hz 的虚假成分。将插零后的信号 cad 与重构滤波器 h 卷积后，70 Hz 的虚假成分基本被滤掉了，卷积的结果为 ca1。对 ca1 进行隔点插零产生 ca，产生了 30 Hz 的实际成分以 $400/2^{(1+1)} = 100$ Hz 为对称中心的 170 Hz 的虚假成分，将 ca 与滤波器卷积，170 Hz 的虚假成分基本消除，卷积后的结果为 caa0，即将 caa1 单子带重构回 2^0 尺度的信号。

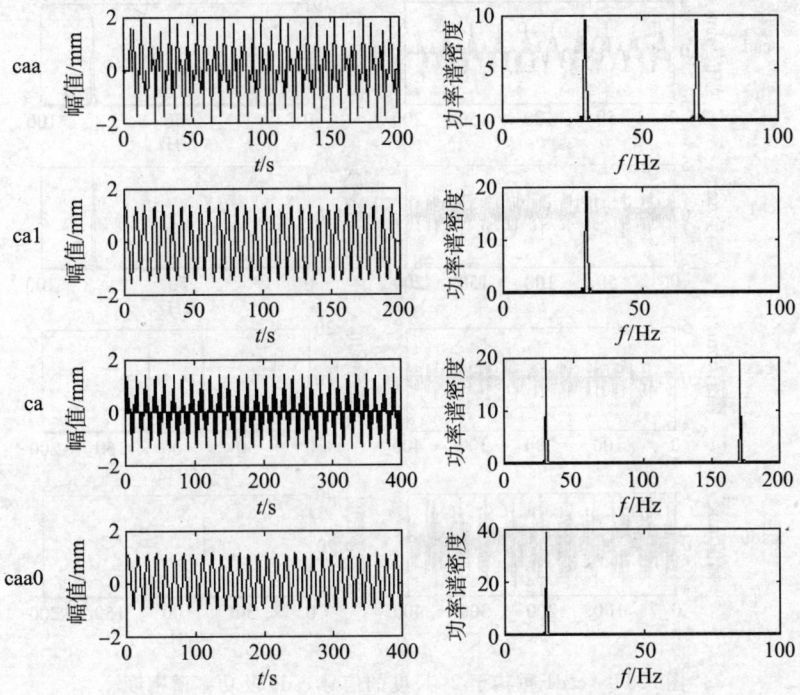

图 5.10 caa1 重构至 2^0 尺度的信号 caa0 及功率谱密度

对 cad1 进行隔点插零,采样频率增加一倍为 200 Hz,隔点插零后的信号 cad 及其功率谱密度如图 5.11 所示。隔点采样中 80 Hz、90 Hz 的频率成分被折叠成的 10 Hz、20 Hz 虚假成分,在隔点插零中又产生了以 $400/2^{(2+1)} = 50$ Hz 为对称中心的 80 Hz、90 Hz 的真实频率成分。将插零后的信号 cad 与重构滤波器 g 卷积后,10 Hz、20 Hz 虚假成分基本被滤掉了,卷积的结果为 ca1。同样,对 ca1 进行隔点插零时,隔点采样中产生的 80 Hz、90 Hz 频率成分以 $400/2^{(1+1)} = 100$ Hz 为对称中心的 120 Hz、110 Hz 的虚假成分。将 ca 与滤波器卷积,110 Hz、120 Hz 的虚假成分基本消除,而 80 Hz 信号和由于滤波器的非理想截止特性产生的 90 Hz 的频率成分仍保留在卷积后的结果 cad0 中,即将 cad1 单子带重构回 2^0 尺度的信号。

对 cda1 进行隔点插零,采样频率增加一倍为 200 Hz,隔点插零后的信号 cda 及其功率谱密度如图 5.12 所示。隔点插零产生了 50 Hz 实际成分以 $400/2^{(2+1)} = 50$ Hz 为对称中心的 50 Hz 的映像。将插零后的信号 cda 与重构滤波器 h 卷积的结果为 cd1。对 cd1 进行隔点插零 150 Hz 的频率成分在隔点采样中被折叠成 50 Hz虚假成分在隔点插零中,又产生了以 $400/2^{(1+1)} = 100$ Hz 为对称中心的 150 Hz的映像。将 cd 与滤波器卷积,50 Hz 的虚假成分基本消除,卷积后的结果为 cda0,即将 cda1 单子带重构回 2^0 尺度的信号。

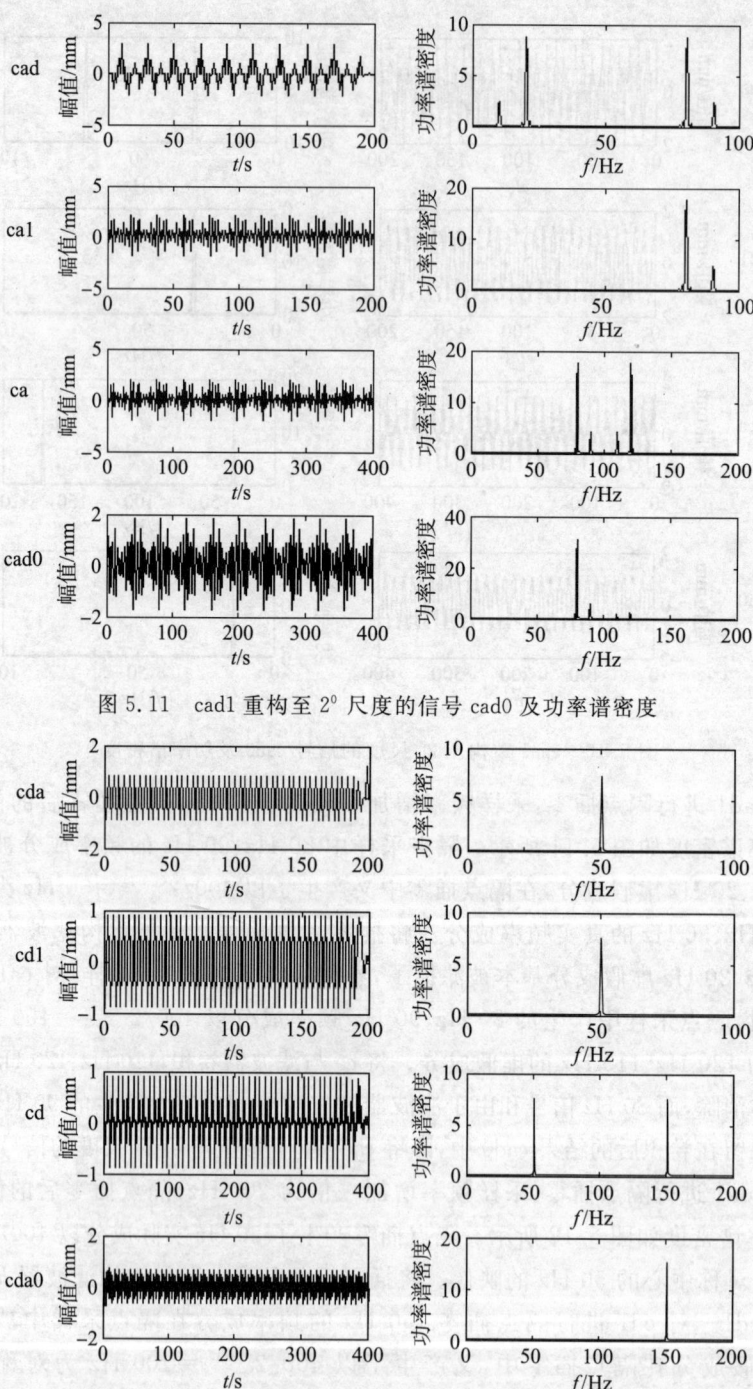

图 5.11 cad1 重构至 2^0 尺度的信号 cad0 及功率谱密度

图 5.12 cda1 重构至 2^0 尺度的信号 cda0 及功率谱密度

对 cdd1 进行隔点插零,采样频率增加一倍为 200 Hz,隔点插零后的信号 cdd 及其功率谱密度如图 5.13 所示。隔点采样 80 Hz、90 Hz 的频率成分被折叠成的 10 Hz、20 Hz 虚假成分,在隔点插零中又产生了以 $400/2^{(2+1)}=50$ Hz 为对称中心的 80 Hz、90 Hz 的真实频率成分。将插零后的信号 cdd 与重构滤波器 g 卷积后, 10 Hz、20 Hz 虚假成分基本被滤掉了,卷积的结果为 cd1。同样,对 cd1 进行隔点插零时,隔点采样中的产生了 50 Hz、80 Hz、90 Hz 频率成分以 $400/2^{(1+1)}=100$ Hz 为对称中心的 150 Hz、120 Hz、110 Hz 的虚假成分。将 cd 与滤波器卷积,90 Hz、120 Hz 的虚假成分基本消除,而 2^2 尺度上与滤波器卷积产生的 50 Hz 频率成分重构回 2^0 层时的 150 Hz 多余频率成分和 110 Hz 频率成分仍保留在卷积后的结果 cdd0 中,即将 cdd1 单子带重构回 2^0 尺度的信号。

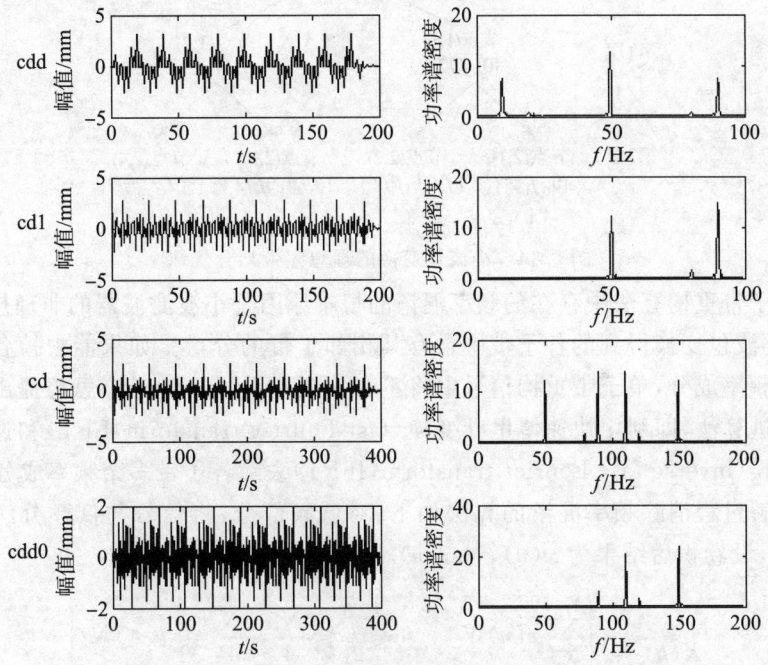

图 5.13 cdd1 重构至 2^0 尺度的信号 cdd0 及功率谱密度

从以上的单子带重构算法分析中可以看出,隔点采样和隔点插零是两个反向的过程。以 110 Hz 的信号为例:在 2^1 尺度上,由于隔点采样中的频率折叠 110 Hz 的信号被折叠成为以 $400/2^{(1+1)}=100$ Hz 为中心的 90 Hz 频率成分,在 2^2 尺度上,隔点采样中该成分又被折叠为以 $400/2^{(2+1)}=50$ Hz 为中心的 10 Hz 频率成分,而在隔点插零中,该频率成分又产生以 $400/2^{(2+1)}=50$ Hz 为中心的 90 Hz 的映像,在与高频重构滤波器卷积时,滤去了 10 Hz 的频率成分,在 2^1 尺度上,该 90 Hz 的频率成分又产生了以 $400/2^{(1+1)}=100$ Hz 为中心的 110 Hz 的映像,在与高频滤波器卷积时,滤去了 90 Hz 的频率成分,从而实现了 110 Hz 信号的分解与重构。

§5.5 消除其他频率混淆

对高频系数进行隔点采样时,不满足采样定理,频率成分被完全重叠,从而产生频带交错,按照理想的小波包频带划分规律,如图 5.14 所示。而实际的频带交错,是有规律可循的,可以重新排列小波包各子带的顺序从而消除频带交错。从各单子带重构的信号中可以看出,尽管削弱了频率折叠,但是由于小波滤波器的非理想截止特性,各个子带仍然存在频率混淆,需要进一步消除。

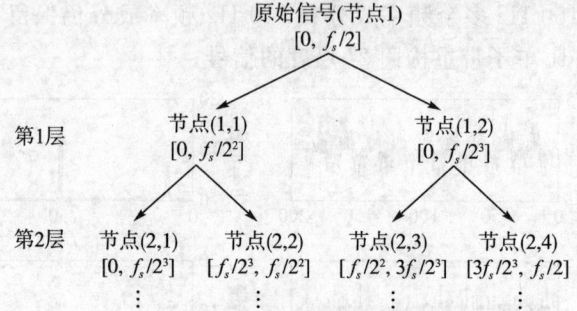

图 5.14 小波包变换的理想频带划分规律

单子带重构算法中存在的频率混淆的根本原因是小波滤波器的非理想截止特性,使小波包变换得到的各子带中含有其相邻子带的分量。如果能去掉各子带中多余的频率成分,单子带重构信号中将不存在频率混淆。基于该思想提出单子带重构改进算法,即利用快速傅里叶变换(fast Fourier transform,FFT)和逆快速傅里叶变换(inverse fast Fourier transform,IFFT)去除各子带多余频率成分。

分解过程消除频率混淆的算法如下:对低频部分,将信号与低频分解滤波器 H 卷积,设卷积后结果为 $x(n)$,对 $x(n)$ 进行以下的变换

$$\left. \begin{array}{l} X(k) = \begin{cases} \sum_{n=0}^{N_j-1} x(n) W^{kn} & 0 \leqslant k \leqslant \dfrac{N_j}{4}, \dfrac{3N_j}{4} \leqslant k \leqslant N_j \\ 0 & 其他 \end{cases} \\ \widetilde{x}(n) = \sum_{k=0}^{N_j-1} X(k) W^{-kn} \end{array} \right\} \tag{5.10}$$

式中,N_j 表示 $x(n)$ 数据长度;$k = 0,1,\cdots,N_j - 1$;$n = 0,1,\cdots,N_j - 1$;$W = \mathrm{e}^{-\mathrm{i}2\pi/N_j}$;i 是虚数单位;$j$ 是分解层次。输出的 $\widetilde{x}(n)$ 即是消除了频率混淆成分后的系数,以 $\widetilde{x}(n)$ 取代 $x(n)$ 进行隔点采样,再进行下一步分解。

对高频部分,将信号与高频分解滤波器 G 卷积,设卷积后结果为 $x(n)$,对 $x(n)$ 进行以下的变换

$$X(k) = \begin{cases} \sum_{n=0}^{N_j-1} x(n) W^{kn} & \dfrac{N_j}{4} \leqslant k \leqslant \dfrac{3N_j}{4} \\ 0 & \text{其他} \end{cases} \quad (5.11)$$

$$\widetilde{x}(n) = \sum_{k=0}^{N_j-1} X(k) W^{-kn}$$

式中，N_j 表示 $x(n)$ 数据长度；$k = 0,1,\cdots,N_j-1$；$n = 0,1,\cdots,N_j-1$；$W = \mathrm{e}^{-\mathrm{i}2\pi/N_j}$；i 是虚数单位；$j$ 是分解层次。输出的 $\widetilde{x}(n)$ 即是消除了频率混淆成分后的系数，以 $\widetilde{x}(n)$ 取代 $x(n)$ 进行隔点采样，再进行下一步的分解。

重构过程消除频率混淆的算法如下：对低频部分，将小波包系数隔点插零后与低频重构滤波器 h 卷积得到 $x(n)$，对 $x(n)$ 进行式(5.10)的变换，输出的 $\widetilde{x}(n)$ 是消除了多余频率成分的系数，以 $\widetilde{x}(n)$ 取代 $x(n)$ 进行下一步的重构；对高频部分，将小波包系数隔点插零后与高频重构滤波器 g 卷积得到 $x(n)$，对 $x(n)$ 进行式(5.11)的变换，输出的 $\widetilde{x}(n)$ 是消除了多余频率成分后的系数，以 $\widetilde{x}(n)$ 取代 $x(n)$ 进行下一步的重构。

该分解与重构算法的图形表示如图 5.15 所示。

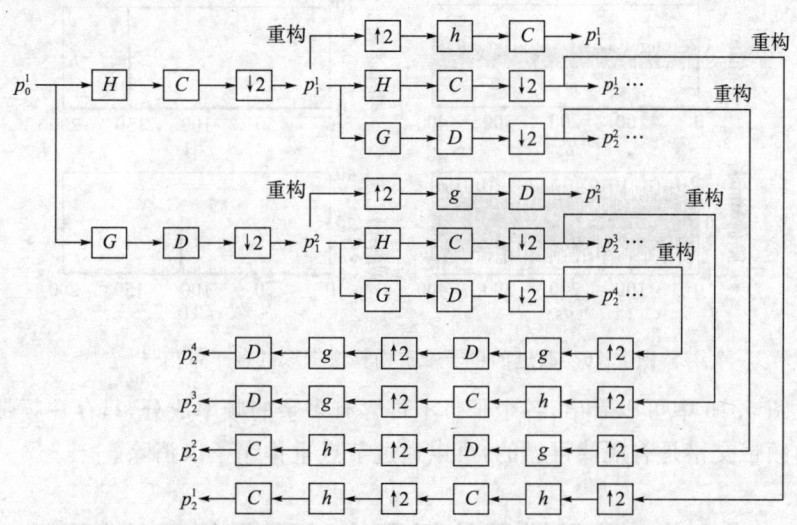

图 5.15　改进的单子带重构算法

$\boxed{H}$—与滤波器 H 卷积；$\boxed{G}$—与滤波器 G 卷积；$\boxed{h}$—与滤波器 h 卷积；$\boxed{g}$—与滤波器 g 卷积；$\boxed{\downarrow 2}$—隔点采样；$\boxed{\uparrow 2}$—隔点插零；$\boxed{C}$—去掉与 h 或 G 卷积后多余的频率成分的算子；$\boxed{D}$—去掉与 g 或 G 卷积后多余的频率成分的算子

改进的单子带重构算法在分解时，每一步卷积后，先消除由于滤波器的非理想截止特性产生的虚假频率成分后，再隔点采样，进行下一步的分解。而重构时是先隔点插零,再与重构滤波器卷积,将卷积产生的虚假成分消除,再进行下一步重构。从而保证与分解和重构滤波器卷积时产生的虚假频率成分被消除,而隔点采样和隔点插零产生的折叠和映像,在单子带重构算法能够得到很好的控制(见§5.4),从而保证改进的单子带重构算法中不存在频率混淆,但是由于过程中加入了 FFT 和 IFFT,增加了计算量。

应用该算法将§5.4 构造的信号,采用 db10 小波分解至 2^2 尺度,在给定的尺度上,各个频带的信号如图 5.16 所示。

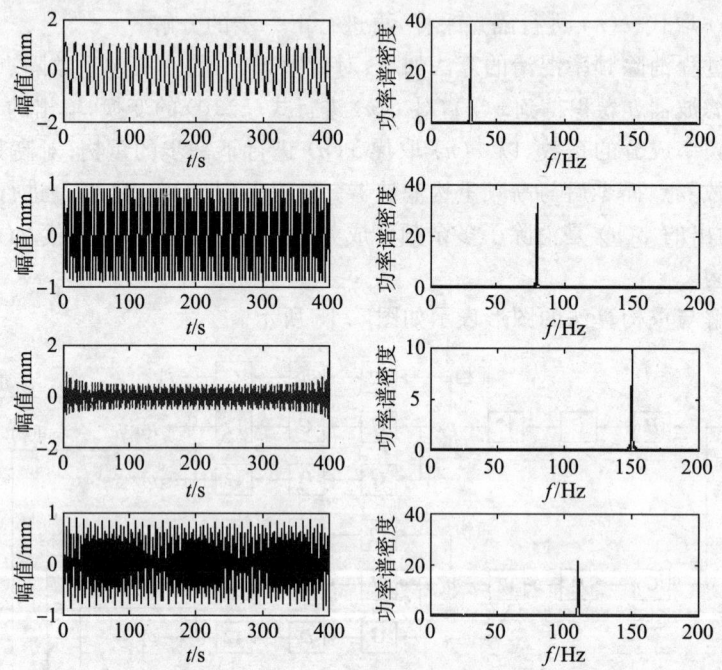

图 5.16 改进的单子带重构算法提取的各子带信号

从图 5.16 中可以看出,各个子带不再含有多余的频率成分,只存在频带交错。而这种频带交错是有规律可循的,可以通过节点重排序予以消除。

§5.6 单子带重构提取大地测量信号特征项

5.6.1 仿真试验与分析

仿真信号由 5 Hz、15 Hz、25 Hz、35 Hz、45 Hz 五个零初相位,幅值为 1 mm 的正弦波组成,采样频率为 100 Hz,采样点个数为 100。信号及其功率谱密度如图 5.17 所示。

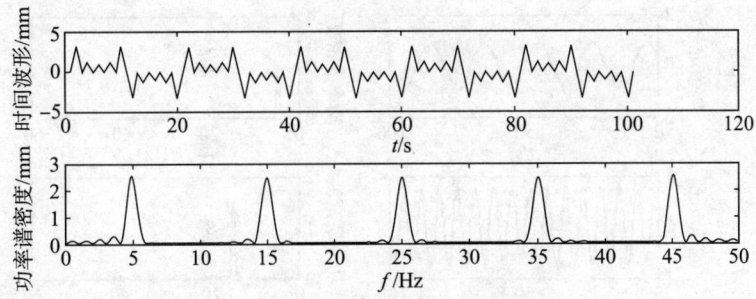

图 5.17 仿真信号及其功率谱密度

经小波包分解与重构所得的信号及其功率谱密度如图 5.18 所示。从图中可看出,小波包分解过程中存在较严重的频率混淆现象。经改进小波包分解与单子带重构算法所得到的信号及其功率谱密度如图 5.19 所示,左列为重构信号,右列为其功率谱密度。从图 5.19 中看出,频率混淆基本消除,提取的 L1~L5 信号的质量得到非常大的改善。

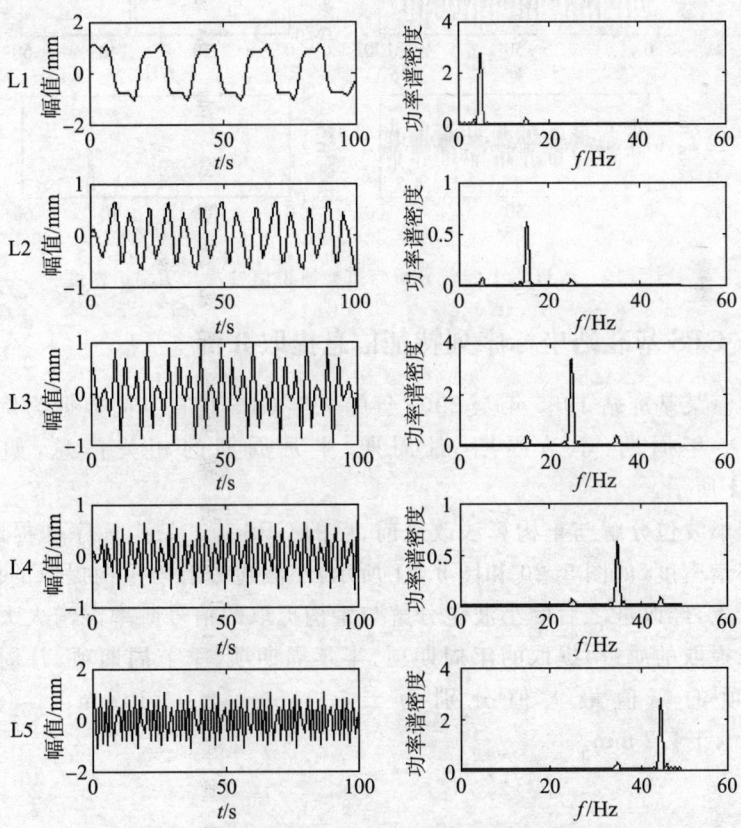

图 5.18 小波包分解与重构所得信号及其功率谱密度

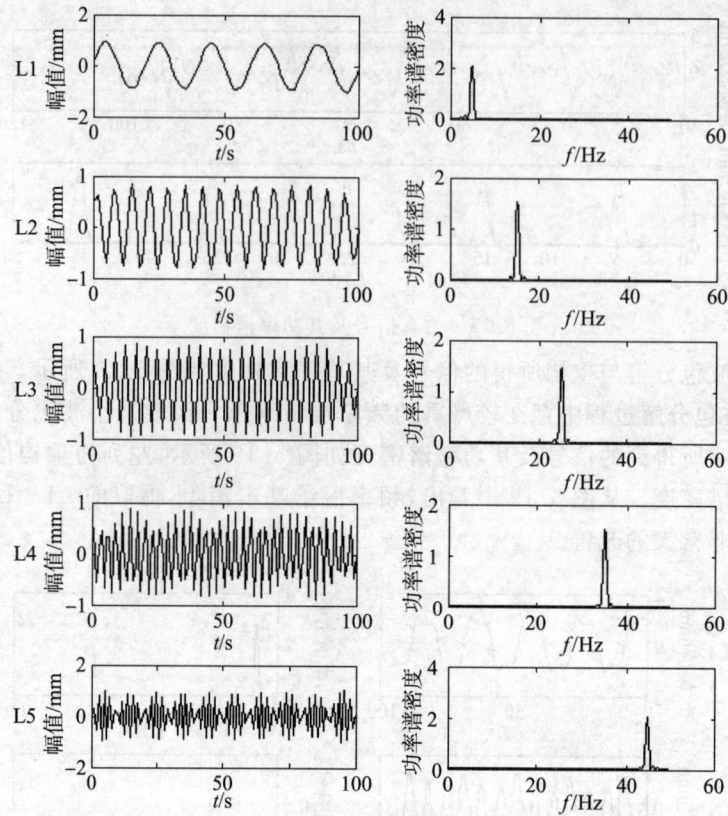

图 5.19 改进的小波包分解与重构所得信号及其功率谱密度

5.6.2 GPS 基准站坐标序列特征信息提取分析

以上海某基准站 1995 年至 2001 年的 7 年 GPS 垂直方向数据为例,提取其年周期、半年周期、季节周期、月周期、半月周期的相关信息,如图 5.20 和图 5.21 所示。

比较小波包分解与重构算法改进前、后的 GPS 基准站坐标序列提取的信号及其功率谱密度,如图 5.20 和图 5.21 所示,小波包分解与重构提取的信号频率混淆较严重,经改进之后的小波包分解与重构提取的信号频率混淆大大减弱,提高了信号提取的质量,提取的年周期项、半年周期项、季节周期项、月周期项、半月周期项的幅值最大值分别为 ±6.1 mm、±1.1 mm、±1.5 mm、±2.6 mm、±4.2 mm。

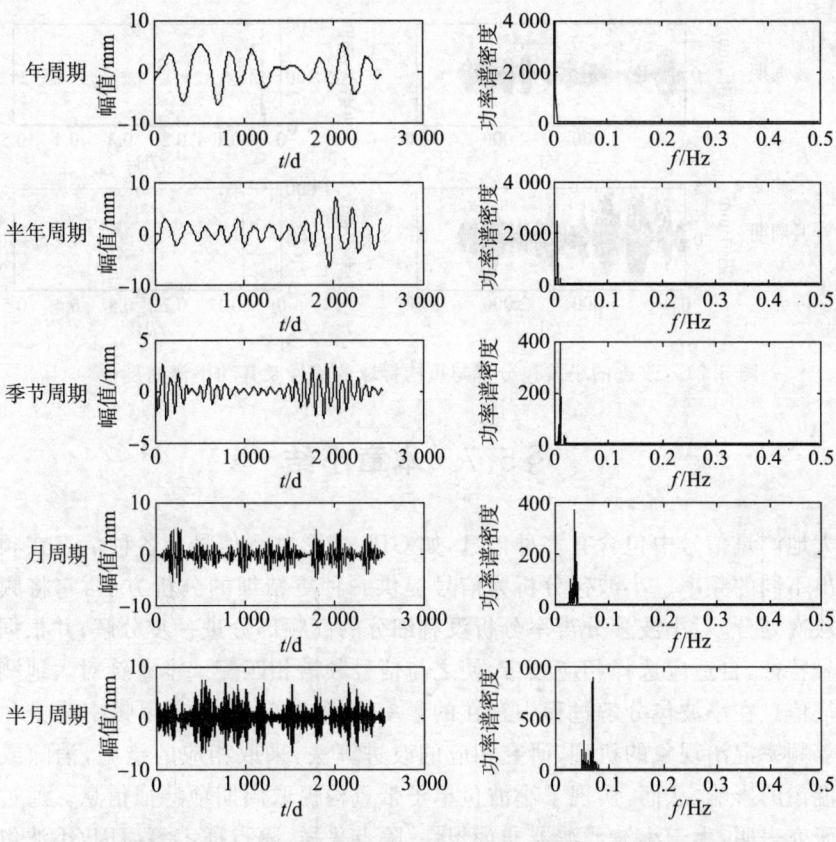

图 5.20 小波包分解与重构提取的信号及其功率谱密度

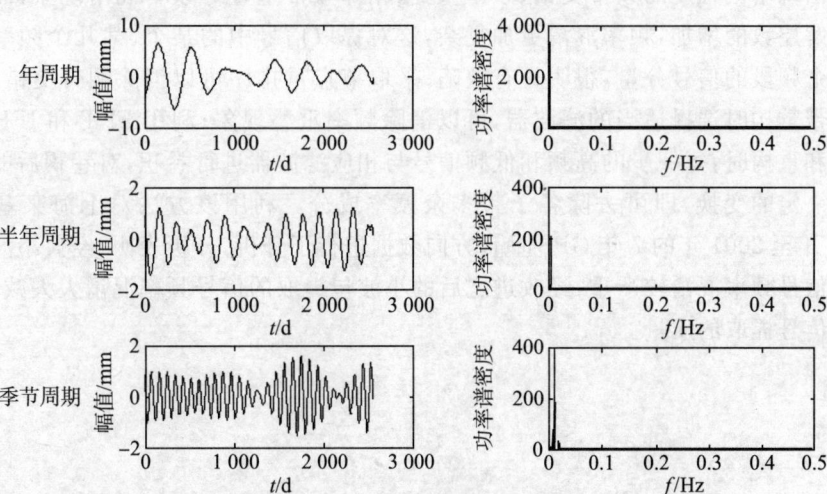

图 5.21 改进的小波包分解与重构提取的信号及其功率谱密度

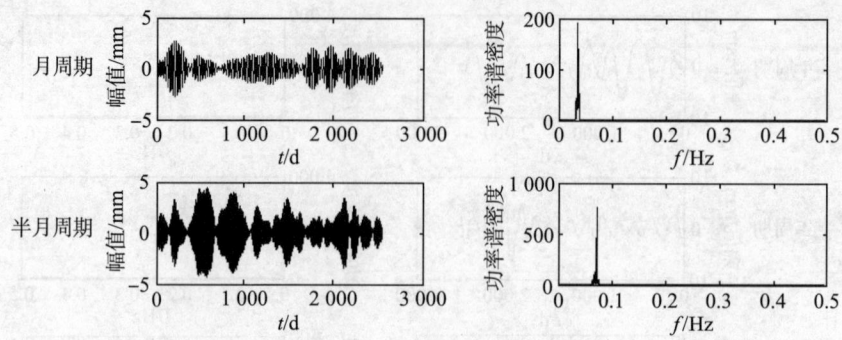

图 5.21　改进的小波包分解与重构提取的信号及其功率谱密度(续)

§5.7　本章小结

　　大地测量信号中包含有多种信息,如 GPS 变形监测信号。各种信息在频域内表现出不同的频率。小波包分析为信号提供一种更精细的分析方法,它将频带进行多层次划分,对小波多分辨率分析没有细分的高频部分进一步分解,并根据被分析信号特征,自适应选择相应频带,使之与信号频谱相匹配。本章针对大地测量信号特征信息在小波包分解过程中存在的频率混淆现象,分析产生频率交错和频率折叠等频率混淆现象的机理,研究相应的改进算法,采取相应的措施,消除或减弱频率混淆的影响,从而,实现了小波包单子带重构提取周期项特征信息。通过试验分析研究表明:由于小波滤波器非理想性、隔点采样、隔点插零等原因,小波包各节点都出现不同程度的频带交错、频率重叠、相邻频带重叠等频率混淆现象,而且随着分解层数的增加,频率混淆更加复杂,这对提取信号中的某个、某几个频率成分或某个频段的信号分量,很明显有缺陷;采取节点重排序可以消除频带交错现象;单子带重构时选择适当的滤波器,可以消除频率重叠现象;利用 FFT 和 IFFT,在分解和重构时,每一步的高频和低频信号与相应滤波器进行卷积,对卷积后的结果进行一定的变换,即可去除各子带多余频率成分。利用该方法对上海某基准站 1995 年至 2001 年的 7 年 GPS 垂直方向数据进行了分析,分析表明:经典小波包提取的信号频率混淆较严重,经改进之后的小波包提取的信号频率混淆大大减弱,提高了信号提取的质量。

第6章 弱大地测量信号 M 带小波分析

本章在分析二进(带)小波和 M 带小波的基础上,研究 M 带小波包的分解与重构算法;在小波包单子带重构提取特征信息方法的基础上,分析 M 带小波包分解与重构中产生的频率混淆现象;研究 M 带小波包单子带重构特征提取的方法,通过减少分解层次,降低频率混淆传播,探索弱大地测量特征信号提取的有效途径;最后通过试验的对比和分析说明方法的有效性。

§6.1 强噪声背景下的大地测量信号

对于高精度大地测量信号,如地壳形变、重要构(建)筑物的变形监测等,其变形特征量很小,达到毫米级,会完全淹没在噪声之中。如第1章所述,传统特征信息获取方法是采用参数、半参数模型估计等。当假设模型成立时,未知参数的估计可以有较高的精度;但当假设与实际情况背离时,基于假设模型所作的推断效果可能不理想。因此,研究强噪声背景下的大地测量信号特征信息提取,具有重要的意义。

小波分析是大地测量信号分析的有效工具。在信号分解中,二进小波分析优于短时傅里叶分析,它能够将信号分解为复数尺度上的等带宽的频带。因而,高频频带具有较宽的带宽,低频频带具有较窄的带宽。这些性质对分析混有短时尖峰信号的大地测量低频信号是适用的,但是对于一个具有相对较窄高频带宽的大地测量信号,应用二进小波分析时,结果不是很理想,几乎无法满足这种强噪声背景下的大地测量信号的要求。为了克服这一缺陷,提出了 M 带小波变换理论(Asim et al,2002;Li Li et al,2007)。

有些学者构造了紧支撑小波的正交 M 带小波基(Heil et al,1989),并取得一定应用。伸缩和平移 $M-1$ 个小波构成的小波向量能够在空间 $L^2(\mathbf{R})$ 构成紧框架,该框架几乎是正交的。如果尺度滤波器满足 Mallat 或 Daubechies 的充分条件,则 $\{\Psi_{m,n}^{(i)}\}$ 能够构成空间 $L^2(\mathbf{R})$ 的正交基。在二进情形,正交的充分必要条件是由 Cohen 和 Lawton 分别提出的,Peter Steffen 将该条件引申到 M 带情形(Liu Lintao et al,2005)。

§6.2 M 带小波理论

6.2.1 M 带小波定义(舒传华,2004)

设低通滤波器系数向量(尺度向量)为 h_0,以长度 M 将向量 h_0 分为 K 段,其长

度为 $N = MK$,则有多项式子列

$h_{0,k} = [h_0(k) \ h_0(M+k) \ \cdots \ h_0(M(K-1)+k)]^T, k=0,1,\cdots,M-1$,即

$$\begin{bmatrix} h_{0,1} \\ h_{0,2} \\ \vdots \\ h_{0,K} \end{bmatrix} = \begin{bmatrix} h_0(1) & h_0(2) & \cdots & h_0(K) \\ h_0(M+1) & h_0(M+2) & \cdots & h_0(M+K) \\ \vdots & \vdots & & \vdots \\ h_0((K-1)M+1) & h_0((K-1)M+2) & \cdots & h_0((K-1)M+K) \end{bmatrix}$$
(6.1)

当尺度向量 h_0 选定后,有唯一的紧支集函数 $\phi \in L^2(\mathbf{R}), supp(\phi) \subseteq \left[0, \dfrac{N-1}{M-1}\right]$($supp(\ )$ 为取值范围函数),满足

$$\phi(t) = \sqrt{M} \sum h_0(k)\phi(Mt-k)$$

$$\Psi^i(t) = \sqrt{M} \sum h^i(k)\phi(Mt-k) \quad (i=1,2,\cdots,M-1)$$

小波函数 $\Psi(t)$ 可以视为一带通滤波器的冲击响应,用内积表示的小波变换为

$$f_W(a,b) = \langle f(t), \widehat{\Psi_{ab}}(t) \rangle$$
(6.2)

这样,小波变换可看成是原始信号用一组不同的带通滤波器进行滤波,将信号分解到不同的频带上进行处理。将尺度因子按倍频离散化,取 $a=2^m, b=n2^m$,即所谓的二进小波。若取 $a=M^m, b=nM^m$,就可将 Mallat 2 带多分辨率分析推广到 M 带。Steffen 和 Zou 等人将 2 带小波变换推广到 M 带小波变换(Li Hui et al,1997)。

在 M 带小波及多尺度分析中,当我们选定低通滤波器时,可以构造出 M 带正交小波基的双尺度方程

$$\varphi(t) = \sqrt{M} \sum_{n \in \mathbf{Z}} h_n^0 \varphi(Mt-n)$$
(6.3)

式中,$M \geqslant 2$,对应 $M-1$ 个小波,用 $\Psi^r(t)$ 表示,且满足

$$\Psi^r(t) = \sqrt{M} \sum_{n \in \mathbf{Z}} h_n^r \varphi(Mt-n) \quad (r=1,\cdots,M-1)$$
(6.4)

h_n^r 称为滤波器系数。

定义尺度函数 $\varphi_{j,k}$ 和小波函数 $\Psi_{j,k}^r$ 为

$$\varphi_{j,k}(t) = M^{-\frac{j}{2}} \varphi(M^{-j}t - k)$$
(6.5)

$$\Psi_{j,k}^r(t) = M^{-\frac{j}{2}} \Psi^r(M^{-j}t - k)$$
(6.6)

构成 $L^2(\mathbf{R})$ 空间中的正交基。由函数集 $\{\varphi_{j,k}, k \in \mathbf{Z}\}$ 和 $\{\Psi_{j,k}^r, k \in \mathbf{Z}\}$ 张成的闭包子空间 V_j 和 W_j^r,即 $V_j = span\{\varphi_{j,k}, k \in \mathbf{Z}\}, W_j^r = span\{\Psi_{j,k}^r, k \in \mathbf{Z}\}$,则 $\cdots \supset V_j \supset V_{j+1} \supset \cdots, j \in \mathbf{Z}; \bigcap_{j \in \mathbf{Z}} V_j = \{0\}, \bigcup_{j \in \mathbf{Z}} V_j = L^2(\mathbf{R}); f(t) \in V_j \Leftrightarrow f(Mt) \in V_{j-1}$。

若 $\langle \varphi_{0,n}(t), \varphi_{0,l}(t) \rangle = \delta_{n,l}$,$\langle \varphi_{m,n}(t), \Psi_{k,l}^r(t) \rangle = 0$,$\langle \Psi_{m,n}^i(t), \Psi_{k,l}^j(t) \rangle = \delta_{i,j}\delta_{m,k}\delta_{n,l}$。式中,当 $i = j$ 时,$\delta_{i,j} = 1$,其他同理,则子空间具有正则性,即

$$W_j^i \perp W_j^k, \quad W_j^i \perp V_j$$

V_j 子空间可分解成 V_{j+1} 及其 $M-1$ 个正交补空间,即

$$V_j = V_{j+1} \oplus (\bigoplus_{r=0}^{M-1} W_{j+1}^r)$$

$$L^2(\mathbf{R}) = span\{\bigoplus_{j \in \mathbf{Z}} \bigoplus_{r=1}^{M-1} W_j^r\}$$

正则性用来刻画函数的光滑程度,正则性越高,函数的光滑性越好。小波基的正则性主要影响着小波系数重构的稳定性,通常对小波要求一定的正则性(光滑性)是为了获得更好的重构信号。小波函数与尺度函数具有相同的正则性,因为小波函数是由相应的尺度函数平移的线性组合构成的。消失矩和正则性之间还有很大关系,对很多重要的小波(如样条小波,Daubechies 小波等)来说,随着消失矩的增加,小波的正则性变大。

6.2.2 M 带小波分解算法

M 带小波分解时,首先输入信号 $s_1(n)$,通过 M 个分析滤波器 $h^{(i)}(n)$,然后每个通道输出进行 M 下采样,对采样后的信号进行处理。信号重构时,每个通道分量进行上采样,经过重构滤波器 $g^{(i)}(n)$,合成为处理后的信号 $s_2(n)$。

在实际中,任何函数 $f(t) \in L^2(\mathbf{R})$ 只有有限细节,因为物理仪器记录下的信号总是只有有限的分辨率。我们可以假设 $f(t) \in V_0$(将有最精细的细节的函数空间记为 V_0)。

与二进小波分解类似,我们可以将 W_j 看成 W_j^r 的直和,即

$$W_j = W_j^1 + W_j^2 + \cdots + W_j^{k-1}$$

那么

$$V_0 = V_1 + W_1 = V_2 + W_2 + W_1 = \cdots = V_J + W_J + W_{J-1} + \cdots + W_1$$

所以对 $f(t) \in V_0$,有

$$f(t) = \sum_{k \in \mathbf{Z}} a_{J,k} \varphi_{J,k}(t) + \sum_{j}^{J} \sum_{k \in \mathbf{Z}} \sum_{r=1}^{M-1} d_{j,k}^r \Psi_{j,k}^r(t) \tag{6.7}$$

其中

$$\sum_{k \in \mathbf{Z}} a_{J,k} \varphi_{J,k}(t) = f_J(t) \tag{6.8}$$

$$\sum_{r \in \mathbf{Z}} d_{j,k}^r \Psi_{j,k}^r(t) = g_j^r(t) \tag{6.9}$$

$$a_{J,k} = \langle f(t), \varphi_{J,k}(t) \rangle \quad (k \in \mathbf{Z}) \tag{6.10}$$

$$d_{j,k}^r = \langle f(t), \Psi_{j,k}^r(t) \rangle \quad (k \in \mathbf{Z}) \tag{6.11}$$

式(6.7)中的第一项 $f_J(t)$ 是 $f(t)$ 在尺度 J 下的一种逼近,而第二项中的

$g_j^r(t)$ 是 $f(t)$ 的频率在 M^{-j} 到 M^{-j+1} 之间的细节成分。式(6.7)对所有的 $J(J \geqslant 1)$ 成立,即我们可以得到不同尺度 J 下的逼近式。

当 $\varphi(t)$ 和 $\Psi^r(t)$ 已确定时,要想得到函数 $f(t) \in L^2(\mathbf{R})$ 的多尺度逼近 $f_j(t)$, 只需要知道 $\{a_{j,k}\}_{k \in \mathbf{Z}}$,同样要想知道 $f(t)$ 在尺度 J 下的细节,只需要知道 $\{d_{j,k}^r\}_{k \in \mathbf{Z}, r=1,\cdots,M-1}$。

$\{a_{j,k}\}_{k \in \mathbf{Z}}$ 与 $\{d_{j,k}^r\}_{k \in \mathbf{Z}, r=1,\cdots,M-1}$ 的计算对于 j 有传递关系。

$$a_{1,k} = \sum_{n \in \mathbf{Z}} a_{0,n} \langle \varphi(t-n), \sum_{m \in \mathbf{Z}} h_{m-Mk}^0 \varphi(t-m) \rangle$$

$$= \sum_{n \in \mathbf{Z}} a_{0,n} \langle \varphi(t-n), h_{n-Mk}^0 \varphi(t-n) \rangle$$

$$= \sum_{n \in \mathbf{Z}} a_{0,n} \bar{h}_{n-Mk}^0 \quad (k \in \mathbf{Z}) \tag{6.12}$$

$$\langle \varphi_{j,n}(t), \varphi_{j+1,k}(t) \rangle = M^{-j} \langle \varphi(M^{-j}t-n), \sum_{m \in \mathbf{Z}} h_{m-Mk}^0 \varphi(M^{-j}t-m) \rangle$$

$$= M^{-j} \langle \varphi(M^{-j}t-n), h_{n-Mk}^0 \varphi(M^{-j}t-n) \rangle = \bar{h}_{n-Mk}^0 \tag{6.13}$$

$$a_{j+1,k} = \sum_{n \in \mathbf{Z}} a_{j,n} \bar{h}_{n-Mk}^0 \quad (k \in \mathbf{Z}) \tag{6.14}$$

$$d_{j+1,k}^r = \sum_{n \in \mathbf{Z}} a_{j,n} \bar{h}_{n-Mk}^r \quad (k \in \mathbf{Z}, r=1,\cdots,M-1) \tag{6.15}$$

以上分析可以看出,只要知道双尺度方程中的传递系数 $\{h_n^r\}, n \in \mathbf{Z}, r=0, 1,\cdots,M-1$,就可由 $\{a_{0,n}\}$ 计算出 $\{a_{1,n}\}, \{d_{1,n}^r\}$,然后以此类推。

6.2.3　M 带小波重构算法

下面我们说明由 $\{a_{j+1,k}\}_{k \in \mathbf{Z}}$ 与 $\{d_{j+1,k}^r\}_{k \in \mathbf{Z}, r=1,\cdots,M-1}$ 重构 $\{a_{j,n}\}_{n \in \mathbf{Z}}$ 的变换算法。

由式(6.10)可知

$$a_{j,k} = \langle f(t), \varphi_{j,k}(t) \rangle = \langle f_j(t), \varphi_{j,k}(t) \rangle$$

$$= \langle f_{j+1}(t), \varphi_{j,k}(t) \rangle + \langle g_{j+1}^1(t), \varphi_{j,k}(t) \rangle + \cdots + \langle g_{j+1}^{M-1}(t), \varphi_{j,k}(t) \rangle$$

$$\tag{6.16}$$

由式(6.8)和式(6.14)可知

$$\langle f_{j+1}(t), \varphi_{j,k}(t) \rangle = \langle \sum_{n \in \mathbf{Z}} a_{j+1,n} \varphi_{h+1,n}(t), \varphi_{j,k}(t) \rangle = \sum_{n \in \mathbf{Z}} a_{j+1,n} \langle \varphi_{j+1,n}(t), \varphi_{j,k}(t) \rangle$$

$$= \sum_{n \in \mathbf{Z}} a_{j+1,n} \overline{\langle \varphi_{j,k}(t), \varphi_{j+1,n}(t) \rangle} = \sum_{n \in \mathbf{Z}} a_{j+1,n} h_{k-Mn}^0 \tag{6.17}$$

由式(6.9)可知

$$\langle g_{j+1}^r(t), \varphi_{j,k}(t) \rangle = \langle \sum_{n \in \mathbf{Z}} d_{j+1,n}^r \Psi_{j+1,n}^r(t), \varphi_{j,k}(t) \rangle = \sum_{n \in \mathbf{Z}} d_{j+1,n}^r \langle \Psi_{j+1,n}^r(t), \varphi_{j,k}(t) \rangle$$

由式(6.4)和式(6.6)可知

$$\langle \Psi_{j+1,n}^r(t), \varphi_{j,k}(t) \rangle = \langle M^{-\frac{j+1}{2}} \Psi^r(M^{-(j+1)}t-n), M^{-\frac{j}{2}} \varphi(M^{-j}t-k) \rangle$$

$$= M^{-j} \sum_{m \in \mathbf{Z}} h^r_{m-Mn} \langle \varphi(M^{-j}t - m), \varphi(M^{-j}t - k) \rangle$$

$$= h^r_{k-Mn} \quad (\text{其中 } Mn + l = m) \tag{6.18}$$

所以

$$\langle g^r_{j+1}(t), \varphi_{j,k}(t) \rangle = \sum_{n \in \mathbf{Z}} d^r_{j+1,n} h^r_{k-Mn} \tag{6.19}$$

由式(6.17)可知

$$a_{j,k} = \sum_{n \in \mathbf{Z}} a_{j+1,n} h^0_{k-Mn} + \sum_{r=1}^{M-1} d^r_{j+1,n} h^r_{k-Mn} \quad (k \in \mathbf{Z}) \tag{6.20}$$

§6.3　M 带小波包理论

6.3.1　M 带小波包的定义

设正交小波函数 $\Psi^r(t)$、尺度函数 $\varphi(t)$ 满足双尺度方程

$$\left.\begin{aligned} \varphi(t) &= \sqrt{M} \sum_{k \in \mathbf{Z}} h^0_k \varphi(Mt - k) \\ \Psi^r(t) &= \sqrt{M} \sum_{k \in \mathbf{Z}} h^r_k \varphi(Mt - k) \end{aligned}\right\} \tag{6.21}$$

其中，$r = 0, \cdots, M-1$。记 $u_0(t) = \varphi(t), u_r(t) = \Psi^r(t)$ 则

$$\left.\begin{aligned} u_0(t) &= \sqrt{M} \sum_{k \in \mathbf{Z}} h^0_k u_0(Mt - k) \\ u_1(t) &= \sqrt{M} \sum_{k \in \mathbf{Z}} h^1_k u_0(Mt - k) \\ &\vdots \quad \vdots \\ u_{M-1}(t) &= \sqrt{M} \sum_{k \in \mathbf{Z}} h^{M-1}_k u_0(Mt - k) \end{aligned}\right\} \tag{6.22}$$

称由公式

$$\left.\begin{aligned} u_{Mn}(t) &= \sqrt{M} \sum_{k \in \mathbf{Z}} h^0_k u_n(Mt - k) \\ u_{Mn+1}(t) &= \sqrt{M} \sum_{k \in \mathbf{Z}} h^1_k u_n(Mt - k) \\ &\vdots \quad \vdots \\ u_{Mn+M-1}(t) &= \sqrt{M} \sum_{k \in \mathbf{Z}} h^{M-1}_k u_n(Mt - k) \end{aligned}\right\} \tag{6.23}$$

所定义的函数集合 $\{u_n(t)\}_{n=0,1,2\cdots}$ 为由 $u_0(t) = \varphi(t)$ 确定的小波包。下面的 5 个定理不仅发展了 M 带小波包的基本理论框架，而且也为 M 带小波包的分解和重构算法提供了理论基础。

在式(6.22)和式(6.23)的两端取傅里叶变换，有

$$\left.\begin{aligned}\hat{u}_0(\omega) &= H^0\left(\frac{\omega}{M}\right)\hat{u}_0\left(\frac{\omega}{M}\right) \\ \hat{u}_1(\omega) &= H^1\left(\frac{\omega}{M}\right)\hat{u}_0\left(\frac{\omega}{M}\right) \\ &\vdots \qquad\qquad \vdots \\ \hat{u}_{M-1}(\omega) &= H^{M-1}\left(\frac{\omega}{M}\right)\hat{u}_0\left(\frac{\omega}{M}\right)\end{aligned}\right\} \quad (6.24)$$

$$\left.\begin{aligned}\hat{u}_{Mn}(\omega) &= H^0\left(\frac{\omega}{M}\right)\hat{u}_n\left(\frac{\omega}{M}\right) \\ \hat{u}_{Mn+1}(\omega) &= H^1\left(\frac{\omega}{M}\right)\hat{u}_n\left(\frac{\omega}{M}\right) \\ &\vdots \qquad\qquad \vdots \\ \hat{u}_{Mn+M-1}(\omega) &= H^{M-1}\left(\frac{\omega}{M}\right)\hat{u}_n\left(\frac{\omega}{M}\right)\end{aligned}\right\} \quad (6.25)$$

记 $H^r(\omega) = P_r(\omega), r = 0,1,\cdots,M-1, \varepsilon_1 = 0,1\cdots$ 或 $M-1$，$\left[\dfrac{n}{M}\right]$ 为不超过 $\dfrac{n}{M}$ 的最大整数，则式(6.24)可统一记为

$$\hat{u}_n(\omega) = P_{\varepsilon_1}\left(\frac{\omega}{M}\right)\hat{u}_{\left[\frac{n}{M}\right]}\left(\frac{\omega}{M}\right) \quad (6.26)$$

反复使用式(6.26)可得到 $\hat{u}_n(\omega)$ 的一个极限形式。

定理 6.1 设非负整数 n 的 M 进制的扩展可表示为

$$n = \sum_{j=1}^{\infty}\varepsilon_j M^{j-1} \quad (\varepsilon_j = 0,1,\cdots,M-1) \quad (6.27)$$

则关于 $\{h_n^r\}_{n\in \mathbf{Z}, r=0,1,\cdots,M-1}$ 的小波包 $\{u_n(t)\}_{n=0,1,2\cdots}$ 的傅里叶变换为

$$\hat{u}_n(\omega) = \prod_{k=1}^{\infty} P_{\varepsilon_k}\left(\frac{\omega}{M^k}\right) \quad (6.28)$$

证明：用归纳法。

当 $n = 0,1,\cdots,M-1$ 时，$\left[\dfrac{n}{M}\right] = 0$，由式(6.26)证明式(6.28)成立

$$\begin{aligned}\hat{u}_n(\omega) &= P_{\varepsilon_1}\left(\frac{\omega}{M}\right)\hat{u}_{\left[\frac{n}{M}\right]}\left(\frac{\omega}{M}\right) \\ &= P_{\varepsilon_1}\left(\frac{\omega}{M}\right)\hat{u}_0\left(\frac{\omega}{M}\right) \\ &= P_{\varepsilon_1}\left(\frac{\omega}{M}\right)\prod_{k=2}^{\infty} P_0\left(\frac{\omega}{M^k}\right) \\ &= \prod_{k=1}^{\infty} P_{\varepsilon_k}\left(\frac{\omega}{M^k}\right)\end{aligned}$$

假设当 $0 \leqslant n < M^{s_0}$ 时,式(6.28)成立,考虑当 $M^{s_0} \leqslant n < M^{s_0+1}$ 的情形时,此时

$$n = \sum_{k=1}^{s_0+1} \varepsilon_k M^{k-1}$$
$$\varepsilon_{s_0+1} = 1$$

则

$$\left[\frac{n}{M}\right] = \left[\frac{\varepsilon_1}{M} + \sum_{k=1}^{s_0} \varepsilon_{k+1} M^{k-1}\right] = \sum_{k=1}^{s_0} \varepsilon_{k+1} M^{k-1}$$

显然 $0 < \sum_{k=1}^{s_0} \varepsilon_{k+1} M^{k-1} < M^{s_0}$,由式(6.26)、式(6.28)和归纳假设,知

$$\hat{u}_n(\omega) = P_{\varepsilon_1}\left(\frac{\omega}{M}\right) \hat{u}_{[\frac{n}{M}]}\left(\frac{\omega}{M}\right)$$
$$= P_{\varepsilon_1}\left(\frac{\omega}{M}\right) \prod_{k=2}^{\infty} P_{\varepsilon_k}\left(\frac{\omega}{M^k}\right)$$
$$= \prod_{k=1}^{\infty} P_{\varepsilon_k}\left(\frac{\omega}{M^k}\right)$$

注:$\hat{u}_{[\frac{n}{M}]}(\omega) = \prod_{k=2}^{\infty} P_{\varepsilon_k}\left(\frac{\omega}{M^k}\right)$。

证毕。

用类似的方法,可以证明小波包的正交性。

定理 6.2 假设 $\{u_n(t)\}$ 是由正交尺度方程 φ 构成的小波包,那么对任意一个 $n, n \geqslant 0$,都有

$$\langle u_k(t-k), u_l(t-l) \rangle = \delta_{kl} \quad (l, k \in \mathbf{Z}) \tag{6.29}$$

证明:用归纳法。

当 $n = 0$ 时,$u_0 = \varphi$,满足正交性。

假设该定理对 $n < K$ 时成立,当 $n = K$ 时,则

$$\langle u_k(t-k), u_l(t-l) \rangle = \frac{1}{2\pi} \int_{-\infty}^{+\infty} |\hat{u}_k(\omega)|^2 e^{i(l-k)\omega} d\omega$$
$$= \frac{1}{2\pi} \int_0^{2\pi M} |P_{\varepsilon_1}(e^{-i\omega/M})|^2 \sum_{m=-\infty}^{+\infty} \left|\hat{u}_{[\frac{k}{M}]}\left(\frac{\omega}{M} + 2\pi m\right)\right|^2 e^{i(l-k)\omega} d\omega$$
$$\tag{6.30}$$

式中应用了定理 6.1。由归纳假设,能够得到

$$\frac{1}{2\pi} \sum_{m=-\infty}^{+\infty} \left|\hat{u}_{[\frac{k}{M}]}\left(\frac{\omega}{M} + 2\pi m\right)\right|^2 = 1 \tag{6.31}$$

将式(6.31)代入式(6.30),并应用 alias 矩阵

$$\boldsymbol{P}(z) = (\boldsymbol{p}_{m,n}(z))_{M \times M}$$
$$\boldsymbol{p}_{m,n}(z) = \boldsymbol{P}_m(W^{n-1}z)$$

$$P(z)\overline{P}\left(\frac{1}{z}\right) = MI$$

$$z = -\frac{i\omega}{M}$$

$$W = \frac{2\pi}{M}$$

性质能够得出

$$\langle u_n(t-k), u_n(t-l) \rangle = \delta_{kl}$$

证毕。

下面的定理说明，$\varphi(t)$ 和 $\Psi^r(t)$ 之间的正交性可扩展到小波包 $\{u_n(t)\}$ 之间的正交性。

定理 6.3 如果 $\left[\frac{m}{M}\right] = \left[\frac{n}{M}\right]$，而且 M 不划分 $m-n$，则 (Sello et al, 2000)

$$\langle u_k(t-i), u_l(t-j) \rangle = 0$$

根据定理 6.2，现讨论小波包的正交分解。假设 u_n 由 φ 确定，张成空间

$$U_j^n = closL^2(\mathbf{R}) < M^{-j/2} u_n(M^{-j}t - k)$$

$$U_j^0 = V_j, U_j^1 = W_j, \quad (k \in \mathbf{Z}, j \in \mathbf{Z}, k > j)$$

式中，$L^2(\mathbf{R})$ 为闭空间。

定理 6.4 $U_j^n = \bigoplus_{r=0}^{M-1} U_{j+1}^{Mn+r}, \forall n \geqslant 0, \forall j \in \mathbf{Z}$。 (6.32)

证明：

由式 (6.23)，得

$$\left.\begin{aligned}
u_{Mn}(t) &= \sqrt{M} \sum_k h_k^0 u_n(Mt-k) \\
u_{Mn+1}(t) &= \sqrt{M} \sum_k h_k^1 u_n(Mt-k) \\
&\vdots \\
u_{Mn+M-1}(t) &= \sqrt{M} \sum_k h_k^{M-1} u_n(Mt-k)
\end{aligned}\right\}$$

将上面的 t 换成 $M^{-(j+1)}t - m$，有

$$\left.\begin{aligned}
u_{Mn}(M^{-(j+1)}t - m) &= \sqrt{M} \sum_k h_k^0 u_n(M^{-j}t - Mm - k) \\
u_{Mn+1}(M^{-(j+1)}t - m) &= \sqrt{M} \sum_k h_k^1 u_n(M^{-j}t - Mm - k) \\
&\vdots \\
u_{Mn+M-1}(M^{-(j+1)}t - m) &= \sqrt{M} \sum_k h_k^{M-1} u_n(M^{-j}t - Mm - k)
\end{aligned}\right\} \quad (6.33)$$

以上说明 $U_{j+1}^{Mn+r}(r = 0, 1, \cdots, M-1)$ 都是 U_j^n 的子空间，且由定理 6.3 知道

U_{j+1}^{Mn+r} 之间相互正交。再证明 U_j^n 的基是否能用 $U_{j+1}^{Mn+r}(r=0,1,\cdots,M-1)$ 线性表示。

事实上

$$\sqrt{M}u_n(M^{-j}t-k) = \sum_{m\in \mathbf{Z}} \bar{h}^0_{k-Mm}u_{Mn}(M^{-(j+1)}t-m) + \\ \sum_{r=1}^{M-1}\sum_{m\in \mathbf{Z}} \bar{h}^r_{k-Mm}u_{Mn+r}(M^{-(j+1)}x-m) \quad (6.34)$$

成立,其中 $k \in \mathbf{Z}$。

(Sello et al,2000)指出

$$\sum_{m\in \mathbf{Z}}[\bar{h}^0_{k-Mm}h^0_{l-Mm} + \bar{h}^1_{k-Mm}h^1_{l-Mm} + \cdots + \bar{h}^{M-1}_{k-Mm}h^{M-1}_{l-Mm}] = \delta_{kl} \quad (6.35)$$

所以,式(6.34)右端

$$\sum_{m\in \mathbf{Z}} \bar{h}^0_{k-Mm}u_{Mn}(M^{-(j+1)}t-m) + \sum_{r=1}^{M-1}\sum_{m\in \mathbf{Z}} \bar{h}^r_{k-Mm}u_{Mn+r}(M^{-(j+1)}-m)$$

$$= \sum_{m\in \mathbf{Z}} \bar{h}^0_{k-Mm}\Big[\sqrt{M}\sum_{l\in \mathbf{Z}} h^0_{l-Mm}u_n(M^{-j}t-l)\Big] + \sum_{r=1}^{M-1}\sum_{m\in \mathbf{Z}} \bar{h}^r_{k-Mm}\Big[\sqrt{M}\sum_{l\in \mathbf{Z}} h^r_{l-Mm}u_n(M^{-j}t-l)\Big]$$

$$= \sqrt{M}\sum_{l\in \mathbf{Z}} u_n(M^{-j}t-l)\sum_{m\in \mathbf{Z}}[\bar{h}^0_{k-Mm}h^0_{l-Mm} + \bar{h}^1_{k-Mm}h^1_{l-Mm} + \cdots + \bar{h}^{M-1}_{k-Mm}h^{M-1}_{l-Mm}]$$

$$= \sqrt{M}\sum_{l\in \mathbf{Z}} u_n(M^{-j}t-l)\delta_{lk}$$

$$= \sqrt{M}u_n(M^{-j}t-k)$$

证毕。

定理 6.5 $W_j = \bigoplus_{r=0}^{M-1}U_{j+1}^r = \cdots = \bigoplus_{r=0}^{M^k-1}U_{j+k}^{M^k+r}$。

6.3.2 M 带小波包分解算法

若 $L^2(\mathbf{R})$ 中的函数 $f_j^n(t) \in U_j^n$,那么

$$f_j^n(t) = \sum_{l\in \mathbf{Z}} d_l^{j,n} M^{-j/2} u_n(M^{-j}t-l) \quad (6.36)$$

又因为 $U_j^n = \bigoplus_{r=0}^{M-1}U_{j+1}^{Mn+r}$,所以

$$f_j^n(t) = f_{j+1}^{Mn}(t) + f_{j+1}^{Mn+1}(t) + \cdots + f_{j+1}^{Mn+M-1}(t) \quad (6.37)$$

其中

$$\left.\begin{aligned} f_{j+1}^{Mn}(t) &= \sum_{m\in \mathbf{Z}} d_m^{j+1,Mn}u_{Mn}(M^{-(j+1)}t-m) \\ f_{j+1}^{Mn+1}(t) &= \sum_{m\in \mathbf{Z}} d_m^{j+1,Mn+1}u_{Mn+1}(M^{-(j+1)}t-m) \\ &\vdots \\ f_{j+1}^{Mn+M-1}(t) &= \sum_{m\in \mathbf{Z}} d_m^{j+1,Mn+M-1}u_{Mn+M-1}(M^{-(j+1)}t-m) \end{aligned}\right\} \quad (6.38)$$

所以,由式(6.37)得

$$f_j^n(t) = \sum_{l \in \mathbf{Z}} d_l^{j,n} M^{-\frac{1}{2}} u_n(M^{-j}t - l)$$

$$= \sum_{l \in \mathbf{Z}} d_l^{j,n} M^{-\frac{1}{2}} \sum_{r=0}^{M-1} \Big[M^{-\frac{1}{2}} \sum_{m \in \mathbf{Z}} \bar{h}_{l-Mm}^r u_{Mn+r}(M^{-(j+1)}t - m) \Big] \quad (6.39)$$

$$= M^{-\frac{j+1}{2}} \sum_{m \in \mathbf{Z}} \sum_{r=0}^{M-1} \Big[\sum_{l \in \mathbf{Z}} d_l^{j,n} \bar{h}_{l-Mm}^r u_{Mn+r}(M^{-(j+1)}t - m) \Big]$$

所以,由式(6.36)得

$$d_m^{j+1,Mn+r} = \sum_{l \in \mathbf{Z}} d_l^{j,n} \bar{h}_{l-Mm}^r \quad (m \in \mathbf{Z}, r = 0,1,\cdots,M-1) \quad (6.40)$$

式(6.40)便是小波包分解算法。它们表示若已知函数在尺度 j 下某子空间的系数 $d_l^{j,n}$,就可以计算出在尺度 $j+1$ 下相应的基下的系数 $d_l^{j+1,Mn+r}$,而且在计算中并不需要知道小波函数的具体表达式,只需要知道相应的滤波器系数 $h_n^r, r = 0, 1,\cdots,M-1$。

采用基于余弦调制法构造滤波器(Sello et al,2000;Mizuno-Matsumoto et al,2001,2002),M 带小波包分解算法如图 6.1 所示。

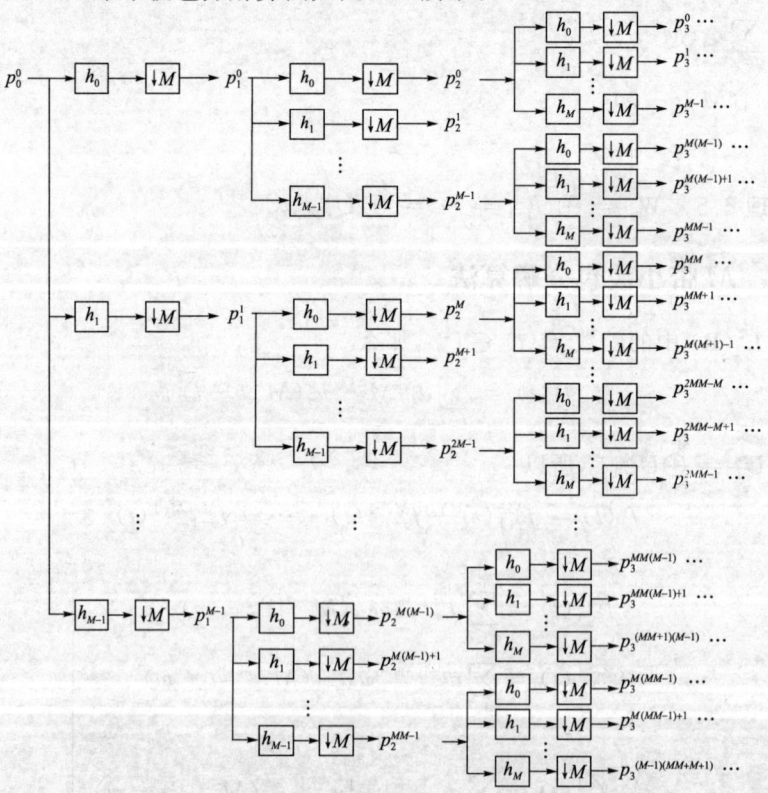

图 6.1　M 带小波包分解算法

6.3.3 M 带小波包重构算法

将式(6.21)代入式(6.38)

$$
\begin{aligned}
f_j^{Mn+r}(t) &= \sum_{m\in \mathbf{Z}} d_m^{j+1,Mn+r} M^{-\frac{j+1}{2}} u_{Mn+r}(M^{-(j+1)}t - m) \\
&= \sum_{m\in \mathbf{Z}} d_m^{j+1,Mn+r} M^{-\frac{j+1}{2}} \sqrt{M} \sum_{l\in \mathbf{Z}} h_l^r u_n(M^{-j}t - Mm - l) \\
&= \sum_{k\in \mathbf{Z}} \sum_{m\in \mathbf{Z}} d_m^{j,mn+r} M^{-\frac{j}{2}} h_{k-Mm}^r u_n(M^{-j}t - k) \quad (Mm+l=k, r=0,1,\cdots,M-1)
\end{aligned}
$$

(6.41)

将式(6.41)中含有的 M 个式子相加,再与式(6.36)比较可知

$$d_k^{j,n} = \sum_{r=0}^{M-1} \sum_{m\in \mathbf{Z}} d_m^{j+1,Mn+r} h_{k-Mm}^r \tag{6.42}$$

式(6.42)是由尺度 $j+1$ 的基下的系数 $d_m^{j+1,Mn+r}(r=0,1,\cdots,M-1)$ 计算出在上一层尺度 j 的基下的系数 $d_k^{j,n}$。

采用基于余弦调制法构造滤波器(唐向宏 等,1996;何正友 等,2001;张子敬 等,2001), M 带小波包重构算法如图 6.2 所示。

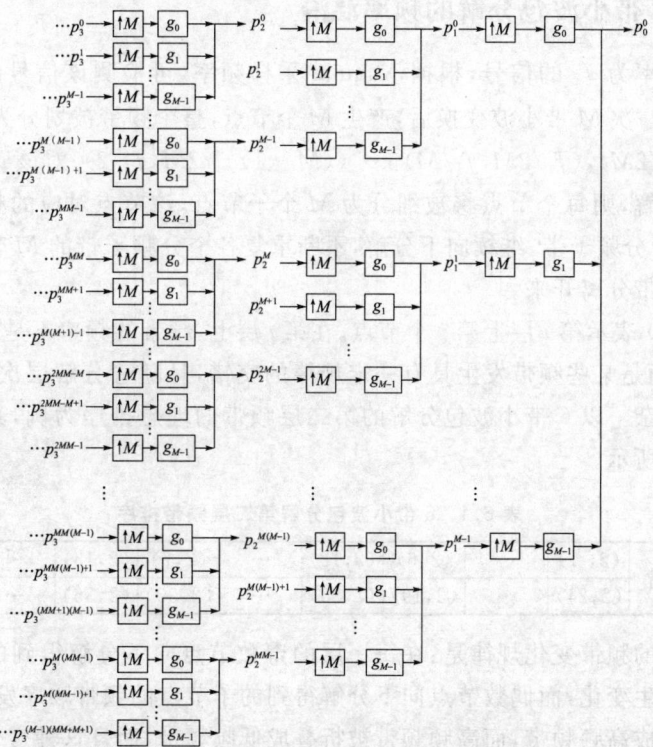

图 6.2 M 带小波包重构算法

§6.4 基于 M 带小波包的特征信息提取

通过对 M 带小波分析,可以得出 M 带小波相比二进小波有以下几个方面的优点:

(1)高频端具有更精细的频带划分,可以将信号进行对数尺度分解的同时,检测窄带的高频分量。

(2) M 带子波比二进子波具有更好的能量集中性。

(3)正交小波的选择性有更大的自由度。二进子波的正交基由一个子波生成,子波向量由尺度向量唯一确定,而 M 带子波的正交基是由 $M-1$ 个子波生成,且子波向量不由尺度向量唯一确定,给优化子波基带来了灵活性。

(4)正交小波的紧支集性与线性相位特性是相容的。

(5)单子带重构时,减少频率混淆的传播。

本节采用 M 带小波包变换理论,将 GPS 基准站坐标序列信号的频带划分为 M 段,提取年周期、半年周期、月周期、半月周期等误差和特征信息。

6.4.1 M 带小波包分解的频率混淆

采样频率为 f_s 的信号,根据 Naquist 采样频率,可检测该信号的频带为 $(0, f_s/2)$。通过一次 M 带小波变换后,产生 M 个节点,整个频带被划分为 M 个分频子带,即 $(0, f_s/2M), (f_s/2M, f_s/M), \cdots, ((M-1)f_s/2M, f_s/2)$。对该 M 个节点分别进行二次分解,则每个节点将被细分为 M 个子节点,该节点对应的频带被细化为更窄的 M 个分频子带。继续向下分解,不断重复各个分频子带的 M 带划分。从而将不同的频带分离开来。

设 (i,j) 表示第 i 层上第 j 个节点。在第 i 层上,频带的频率不是随着 j 的增大逐渐增加,而是某些频带发生具有一定规律的交错,且随着分解层次的增大,其频带交错越复杂。以 6 带小波包分解的第二层频带的理想排序为例,其频带交错规律如表 6.1 所示。

表 6.1 6 带小波包分解第二层频带排序

实际排序	(2, 1)	⋯	(2,6)	(2,12)	⋯	(2,7)	(2,13)	⋯	(2,18)
	(2,24)	⋯	(2,19)	(2,25)	⋯	(2,30)	(2,36)	⋯	(2,31)

该算法的频带变化规律是:在每一层的奇数节点向下分解得到的子节点的频带顺序不发生变化,而偶数节点向下分解得到的子节点的频带顺序发生变化,低频频带被折叠成高频频带,而高频频带被折叠成低频频带,而且这种变化要带入高层进一步产生上述的规律性变化。

这种频带变化规律为各个节点对应频带的确定提供了一种有效的方法。M 带小波包每分解一层，其频带划分以 M 的指数倍细化，与经典的二进小波包分解相比，其频带划分更精细，与二进算法相比，其算法实现可大大地节省计算复杂度与空间复杂度。

6.4.2 仿真试验

采用 5.6.1 节构造的仿真信号，经 5 带小波分解与重构所得信号及其功率谱密度如图 6.3 所示，左列为重构信号，右列为其功率谱密度。由图 6.3 中可看出，M 带小波分解过程中存在较严重的频率混淆现象。

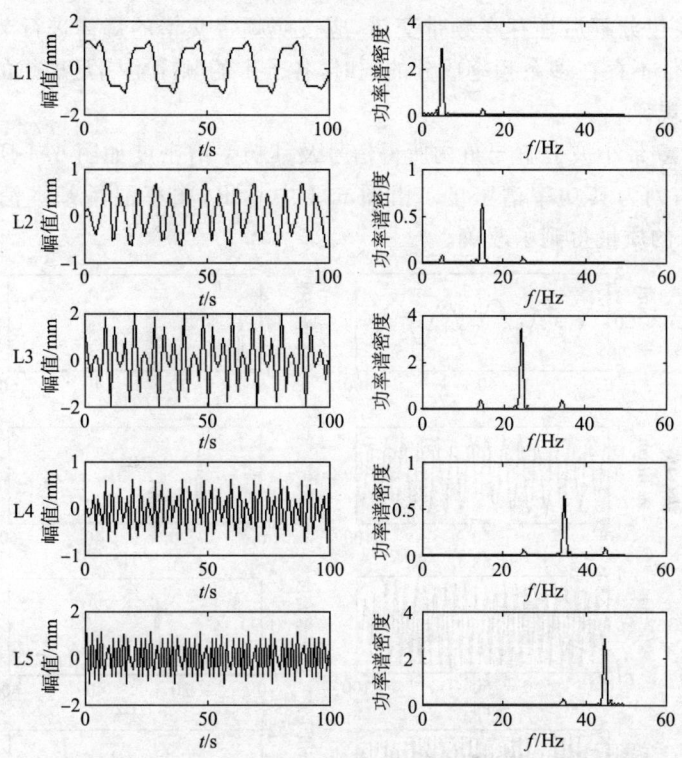

图 6.3　5 带小波分解与重构所得信号及其功率谱密度

分析其原因，由于 M 带小波滤波器的非理想性，低频子带中会含有相临高频子带中部分分量，高频子带中也会含有相临子带中的部分分量；包含在低频子带中的部分高频子带分量和高频子带信号经过 M 下采样和 M 上采样后，由于不满足采样定理，还产生频率折叠现象。为消除其算法中的频率混淆因素，采取类似于小波包单子带重构的算法和措施，改进 M 带小波包单子带重构算法。

1. 单子带重构

首先将信号按 M 带小波包分解算法进行分解，得到各尺度上的小波包系数；

然后将各子带上的小波包系数分别重构至与原始信号相同的尺度,利用 M 下采样和 M 上采样的反向折叠作用,消除由于上、下采样引起的频率折叠。

2. 改进单子带重构

单子带重构能够消除频率折叠,但是由于实际应用的小波滤波器的非理想频域特性,各子带中含有其相邻子带的分量。通过改进单子带重构算法,即对每一个小波包向下分解时,都利用 FFT 和 IFFT 去除各子带多余频率成分,以减弱 M 带小波滤波器非理想频域特性的影响。

3. 节点重排序

改进单子带重构算法消除了部分的频率折叠和子带中存在的虚假频率成分,但 M 带小波包分解后还存在频带交错,应按照频带交错的规律进行节点重排序,使得各个子带不存在多余频率成分的同时,各子带的顺序也满足理想的 M 带小波包频带划分规律。

经改进,5 带小波分解与重构所得信号及其功率谱密度如图 6.4 所示,左列为重构信号,右列为其功率谱密度。由图 6.4 中看出,频率混淆基本消除,提取的 L1~L5 信号的质量得到了改善。

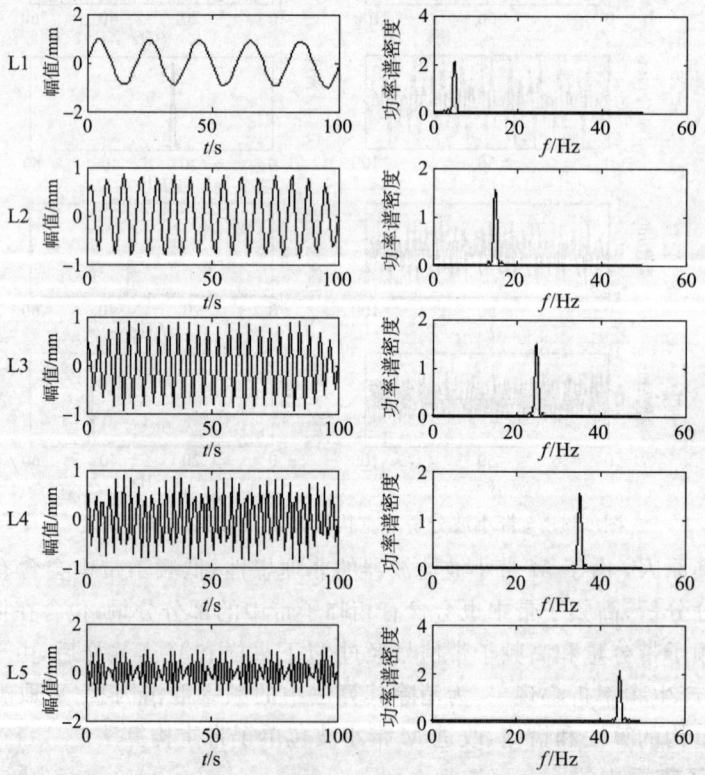

图 6.4 改进的 5 带小波的重构信号及其功率谱密度

6.4.3 小波包、改进的小波包单子带重构和 M 带小波包单子带重构信号特征提取比较

1. 构造仿真信号

仿真信号由频率为 8 Hz、19 Hz、23 Hz、39 Hz 和 46 Hz,幅值都为 1,初始相位为 0 的正弦信号叠加构成,采样频率为 100 Hz,采样点个数为 400。仿真信号及其功率谱密度如图 6.5 所示。

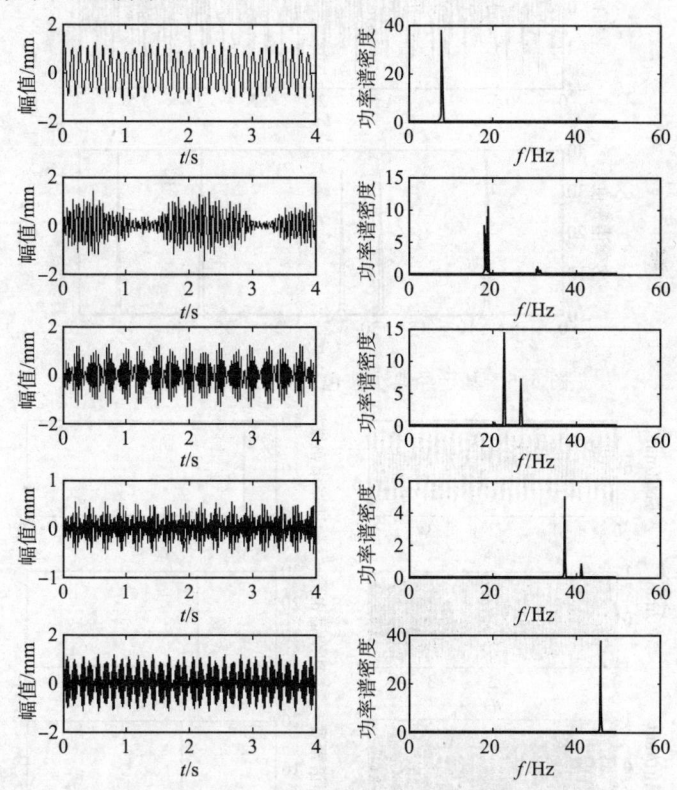

图 6.5 仿真信号及其功率谱密度

2. 经典小波包信号特征提取

应用经典小波包进行特征提取,提取的信号如图 6.6 所示。从图 6.6 中可以看出,经典的小波包特征提取的信号中存在不属于该频带的频率成分,甚至存在原始信号中不存在的频率成分,这些多余的频率成分影响了特征提取的质量和可信度。多余的频率成分是经典小波包变换算法固有的频率混淆引起的。

3. 改进的小波包单子带重构信号特征提取

应用改进的小波包单子带重构进行特征提取,提取的信号如图 6.7 所示。从图 6.7 中可以看出,小波包单子带重构算法中,提取的各特征信号中,不存在其他多余的频率成分,有效地消除了频率混淆。但该算法加入了消除频率混淆的算子,

增加了计算量。同时在消除频率混淆的同时,损失了一部分信号,提取的信号的幅值比原始信号的幅值要小。而且小波包变换算法中,低层的频率混淆要带入高层将进一步地产生频率混淆,也就是说,分解的层次越多,频率混淆越严重,消除频率混淆损失的信号也越多,如图 6.7 中的 19 Hz、23 Hz 和 37.5 Hz 信号。

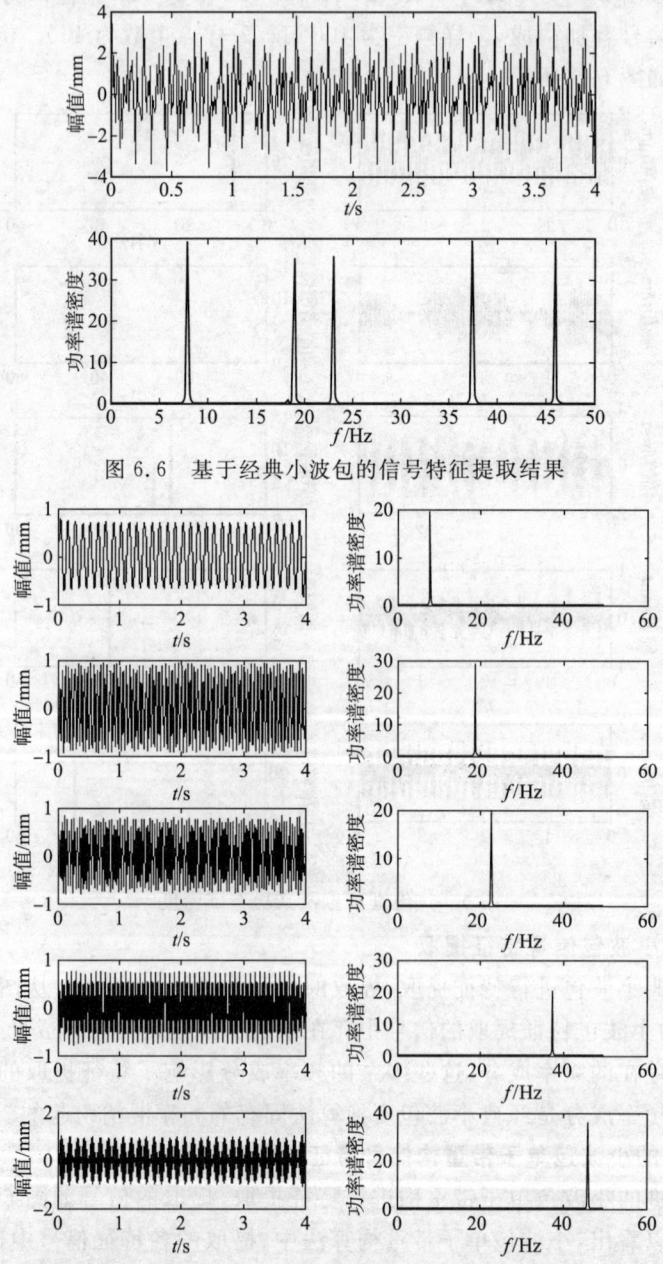

图 6.6　基于经典小波包的信号特征提取结果

图 6.7　基于小波包单子带重构的信号特征提取结果

4. 改进的5带小波包单子带重构信号特征提取

应用改进的5带小波包单子带重构进行特征提取,提取的信号如图6.8所示。从图中可以看出,5带小波包单子带重构算法中,提取的各特征信号中,也不存在其他多余的频率成分,也能够有效地消除频率混淆。与经典小波包单子带重构算法提取的特征信号相比,5带小波包单子带重构算法提取的信号,更接近原信号。这是由于5带小波包变换算法减少了分解层次,有效地抑制了频率混淆的传播,在消除频率混淆时,损失的信号较少。

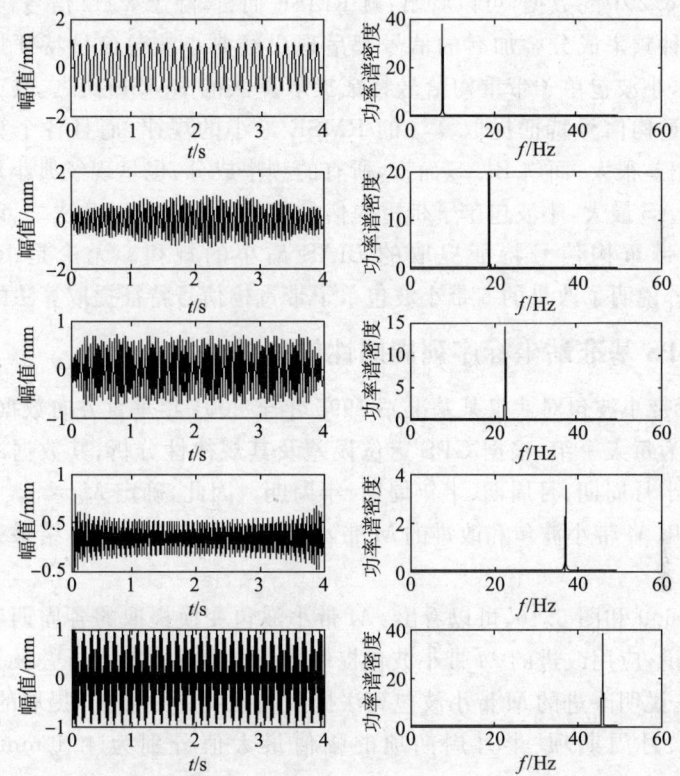

图 6.8 改进的5带小波包单子带重构信号特征提取结果

5. 特征提取质量评定

为更进一步说明上述方法的优劣,采用均方根误差(RMSE)和偏差(BIAS)衡量提取信号的质量,结果如表6.2所示。

表 6.2 均方根误差和偏差统计表

		8 Hz	19 Hz	23 Hz	39 Hz	46 Hz	5种频率叠加效果
	a	0.170 5	0.549 5	0.427 0	0.668 7	0.110 2	0.959 5
RMSE	b	0.045 1	0.247 1	0.274 5	0.631 4	0.049 9	0.730 7
	c	0.212 0	0.086 9	0.184 2	0.202 5	0.052 7	0.360 9

续表

BIAS		8 Hz	19 Hz	23 Hz	39 Hz	46 Hz	5种频率叠加效果
BIAS	a	−0.5788	0.0253	0.1936	0.0745	−0.0498	−0.3351
	b	0.6529	0.0393	0.1297			0.8219
	c	0.4614	0	0			0.4614

注：表中 a 为经典小波包的信号特征提取，b 为改进的小波包单子带重构信号特征提取，c 为改进的 5 带小波包单子带重构信号特征提取。

分析表 6.2 中的数据，可以看出：就 RMSE 而言，除了 8 Hz 信号，其余频率成分信号和 5 种频率成分叠加后的信号都呈现出经典小波包信号特征提取算法的 RMSE 最大，小波包单子带重构信号特征提取算法的 RMSE 次之，改进的 5 带小波包单子带重构信号特征提取算法的 RMSE 最小的规律，而且各个算法之间的 RMSE 值，相差很大；而就 BIAS 而言，所有的频率成分，也呈现经典小波包特征提取算法的 BIAS 最大，小波包单子带重构信号特征提取的 BIAS 次之，改进的 5 带小波包单子带重构信号特征提取的 BIAS 最小的规律。无论是 RMSE 还是 BIAS，都充分说明了改进的 5 带小波包单子带重构信号特征提取算法的优越性。

6.4.4 GPS 基准站坐标序列周期性信息提取

应用 M 带小波包对武汉某基准站 1995 年至 2001 年垂直方向数据进行分解。数据采样率为每天一组，根据 GPS 定位误差及其规律性分析，其数据序列误差项仅能表现出半月周期、月周期、半年周期、年周期。因此，确定 $M = 5$。

分别应用 M 带小波包和改进的 M 带小波包提取各周期项，结果如图 6.9 和 6.10 所示。

比较图 6.9 和图 6.10，可以看出：M 带小波包变换提取的各周期项中存在一定的频率混淆，应用改进的 M 带小波包提取的各周期项的频率折叠及其他频率混淆明显减弱。说明改进的 M 带小波包算法提取周期项更为可靠，提取的年周期项、半年周期项、月周期项、半月周期项的幅值最大值分别为 4.1 mm、4.7 mm、1.5 mm、1.1 mm。

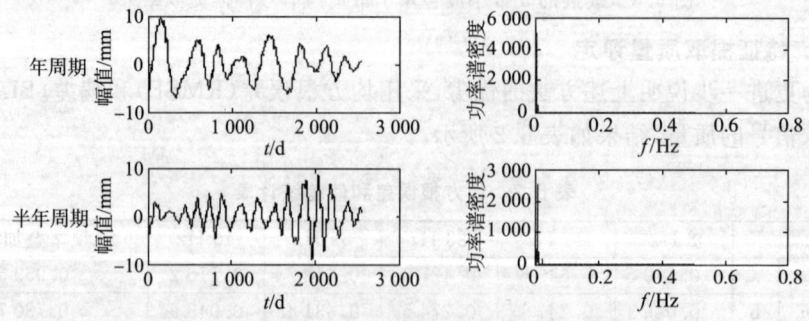

图 6.9 M 带小波包提取的信号及其功率谱密度

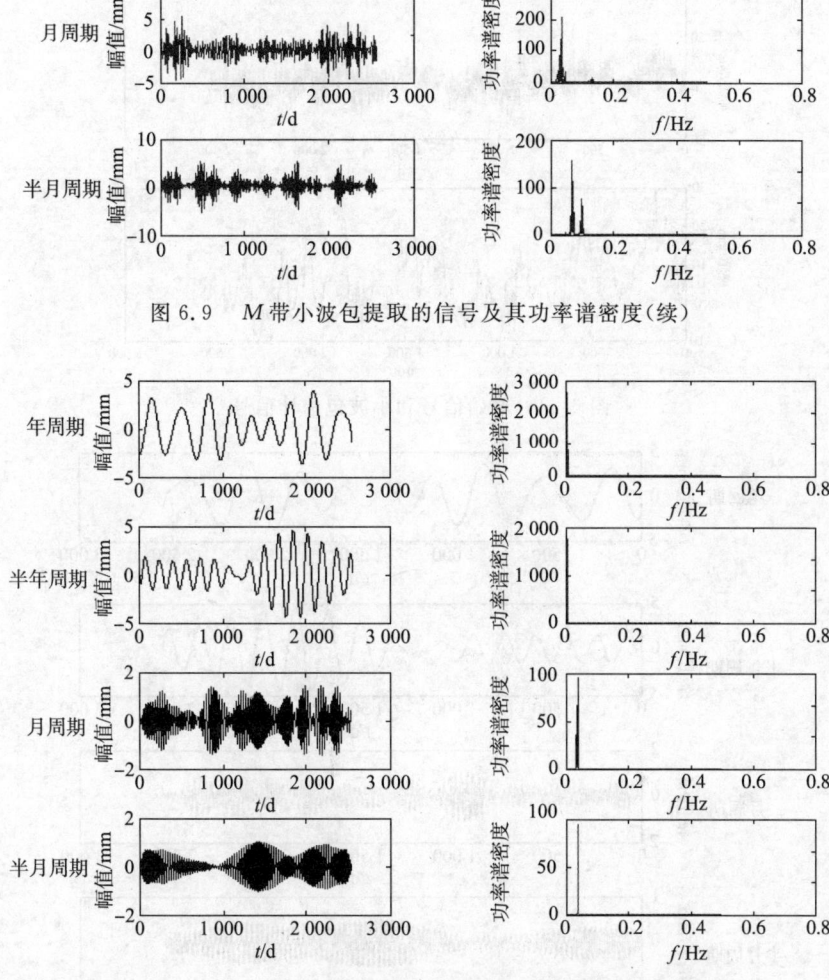

图 6.9　M 带小波包提取的信号及其功率谱密度(续)

图 6.10　改进的 M 带小波包提取的信号及其功率谱密度

6.4.5　改进的 M 带小波包提取 GPS 基准站坐标序列噪声和变形特征项

为了分离噪声和变形信号,采用第 3 章的小波包估计方法,分别得到原始信号和小波包估计信号,如图 6.11 所示。然后对估计信号和噪声进行改进的 M 带小波包分析,得到噪声周期项和变形信号周期项,如图 6.12 和图 6.13 所示。噪声的年周期项、半年周期项、月周期项、半月周期项的幅值分别为 3.8 mm、4.5 mm、1.2 mm、0.7 mm。变形信号的年周期项、半年周期项、月周期项、半月周期项的幅值分别为 0.0 mm、0.0 mm、1.1 mm、0.5 mm。

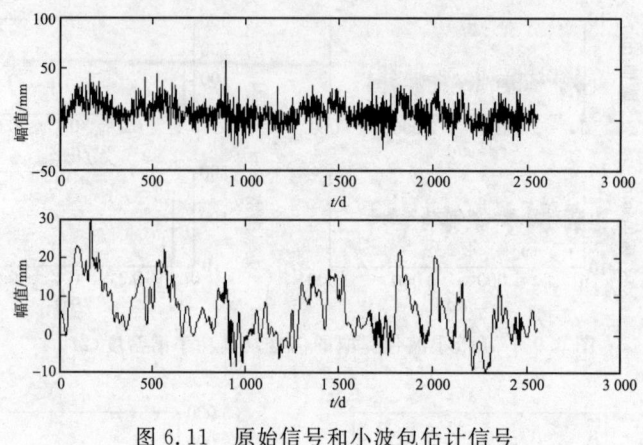

图 6.11 原始信号和小波包估计信号

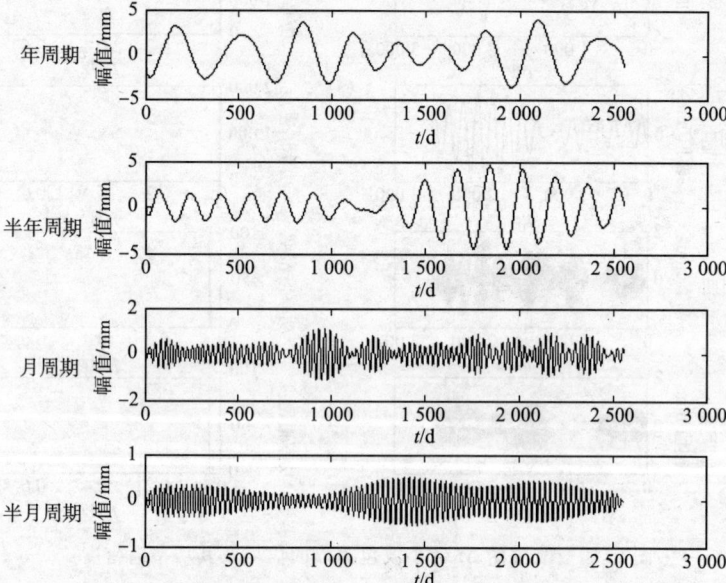

图 6.12 改进的 M 带小波包提取的噪声周期项

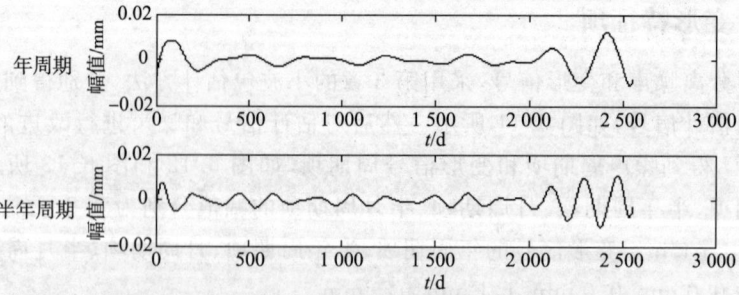

图 6.13 改进的 M 带小波包提取的变形信号周期项

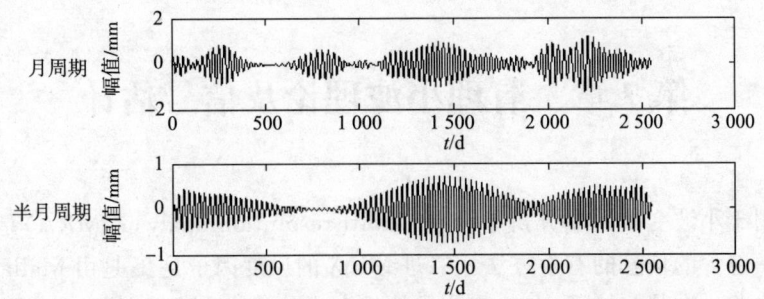

图 6.13　改进的 M 带小波包提取的变形信号周期项(续)

§6.5　本章小结

　　本章在分析二进小波和 M 带小波的基础上,研究 M 带小波包的分解与重构算法;在小波包单子带重构提取特征信息方法的基础上,分析 M 带小波包分解中的频率混淆现象,研究 M 带小波包单子带重构特征提取的方法,探索弱大地测量特征信号提取的新途径。试验研究分析表明:与二进小波相比,M 带小波包理论在分解子带数相同条件下,M 带小波包对信号进行"多通道"分解,分解的速度更快,对高频有更细的频带划分;M 带小波包变换应用于GPS基准站坐标序列分解,可有效地减少分解层数,提高分辨率,减弱周期信号频率混淆的传播,从而可以更有效地提取弱信号;应用改进的 M 带小波包变换算法可以提取GPS基准站坐标序列的周期项,可进一步消除信号频率混淆现象,进而提高了特征信息提取的质量;应用改进的 M 带小波包算法分别分离GPS基准站坐标序列噪声和变形信号,分别对其进一步分解可得到相应的噪声周期项和变形特征周期项。周期项受多种因素的影响,如何进一步分离、确认各种因素,有待进一步研究。

第7章 有理小波理论及信号估计

应用于小波变换的多分辨率分析(multi-resolution analysis,MRA)是处理扫描信号中包含的信息的有效方法。二进MRA的尺度因子是2,是由Mallat(1989)首次提出的。在某些情形,在分离信号的某个或某些频率成分时,这种分析方法具有一定的局限性。小波包分析也可用于分离频率成分,但它无法产生嵌入式子空间。经典小波、小波包、M带小波的分解都是等频带划分,而实际的大地测量信号中的特征信息对应的频带可能不均匀,用等频带划分可能造成信号损失。有理分析采用非等频带划分,对某一频率的尺度因子的适应度要优于二进小波分析(Baussarda et al,2004)。

自Auscher提出有理MRA的规范化定义以及构造相关的正交小波基的方法后,基于有理采样因子的完全重构滤波器理论、构造两带正交有理滤波器和正交有理小波算法得到发展(Blu,1993;Jelena et al,1993;Baussarda et al,2004),从而实现频谱的非一致划分。本章在分析有理多分辨率分析及有理塔形分解与重构算法的基础上,研究有理小波包及其分解与重构算法;选用正交有理小波基,使信号的尺度因子具有更好的适用性,用于大地测量信号估计,拓展大地测量信号分析工具。

§7.1 有理多分辨率分析

Auscher正式定义有理多分辨率分析为嵌入式子空间序列,它是Mallat的多分辨率分析概念的归纳。

7.1.1 近似空间

定理7.1 假设M是有理数$(M=p/q,p,q\in \mathbf{Z},M>1)$,$L^2(\mathbf{R})$的闭子空间序列$\{V_j\}_{j\in \mathbf{Z}}$是尺度为$M$的多分辨率分析,当且仅当它满足如下条件

$$\forall j \in \mathbf{Z}, \quad V_{j+1} \subset V_j \tag{7.1}$$

$$\overline{\bigcap_{j\in \mathbf{Z}} V_j} = L^2(\mathbf{R}) \tag{7.2}$$

$$\bigcap_{j\in \mathbf{Z}} V_j = \varnothing, \quad \varnothing \text{ 是空集} \tag{7.3}$$

$$\forall j \in \mathbf{Z}, \quad f(t) \in V_j \Leftrightarrow f(M^{-1}t) \in V_{j+1} \tag{7.4}$$

$$\forall k \in \mathbf{Z}, \quad f(t) \in V_0 \Leftrightarrow f(t-k) \in V_0 \tag{7.5}$$

正交基V_j是通过伸缩和平移母函数(也称尺度函数)$\varphi(t) \in L^2(\mathbf{R})$构成的。$V_j$

的基函数由式(7.6)给出,即

$$\varphi_{j,n}(t) = M^{-\frac{j}{2}}\varphi(M^{-j}t - n) \quad (j、n \in \mathbf{Z}) \tag{7.6}$$

定理 7.2 如果在 V_0 中,存在函数 φ,使 $\{\varphi(x-k) \mid k \in \mathbf{Z}\}$ 为 V_0 的正交基,则 φ 满足

$$\forall \omega \in \mathbf{R}, \sum_{k \in \mathbf{Z}} |\hat{\varphi}(\omega + 2k\pi)|^2 = 1 \tag{7.7}$$

$$|\hat{\varphi}(0)| = 1 \tag{7.8}$$

$$\forall x \in \mathbf{R}, \sum_{k \in \mathbf{Z}} |\hat{\varphi}(x - k)| = \hat{\varphi}(0) \tag{7.9}$$

函数 f 在 V_j 中的正交映射,即

$$A_j f = \sum_n \langle f, \varphi_{j,n} \rangle \varphi_{j,n} = \sum_n a_{j,n} \varphi_{j,n} \tag{7.10}$$

7.1.2 细节空间

如果 MRA 的条件满足,则 MRA 理论意味着存在小波函数 Ψ 以及 Ψ 的伸缩和平移,它包含由一个尺度向粗尺度近似时,就会丢失信息。

定理 7.3 定义 W_j 是 V_j 在 V_{j-1} 中的正交补空间,即 $V_{j-1} = V_j \oplus W_j$,则

$$f(x) \in W_j \iff f(M^{-1}t) \in W_{j+1} \tag{7.11}$$

$$\forall j, k \in \mathbf{Z}, k \neq j \quad W_j \perp W_k \tag{7.12}$$

$$L^2(\mathbf{R}) = \bigoplus_{j \in \mathbf{Z}} W_j \tag{7.13}$$

由定理 7.3 构建的子空间 W_j 是嵌入式空间。

定理 7.4 如果在 W_0 中存在 $p-q$ 个小波 $\Psi^1, \cdots, \Psi^{p-q}$,则集合 $\{\Psi_{j,n}^r(t)\}_{j,n \in \mathbf{Z}, 1 \leq r \leq p-q}$ 定义为 $L^2(\mathbf{R})$ 的正交小波基。

由定理 7.4 可以看出,存在 $p-q$ 个母小波,每个母小波都产生一个子空间 W_j^r(与其他子空间 $W_j^{n \neq r}$ 正交),$W_j^{n \neq r} \in V_{j-1}$,$W_j^r$ 的集合是 V_{j-1} 中 V_j 的正交补

$$V_{j-1} = V_j \oplus \bigcup_r W_j^r \tag{7.14}$$

基函数由如下方程产生

$$\Psi_{j,n}^r(t) = M^{-\frac{j}{2}} \Psi^r(M^{-j}t - nq) \quad (j、n \in \mathbf{Z}) \tag{7.15}$$

$A_{j-1}f$ 和 $A_j f$ 之间的关系为

$$A_{j-1}f = A_j f + \sum_{r=1}^{p-q} D_j^r f$$

式中,D_j^r 是在 W_j^r 中的映射。

函数 f 在 V_j 中的映射,即

$$D_j^r f = \sum_n \langle f, \Psi_{j,n}^r \rangle \Psi_{j,n}^r = \sum_n d_{j,n}^r \Psi_{j,n}^r \tag{7.16}$$

式中,$d_{j,n}^r$ 是细节系数。

§7.2 塔形分解与重构算法

实际上，信号 f 不能直接进行分解，数字输入信号 f 是当做给定尺度上的近似。下面说明由 a_{j-1} 到 a_j 的近似计算以及 d_j^i 到 d_j^{i-q} 的细节计算。

7.2.1 近似计算

因为 $V_0 \subset V_{-1}$，所以 $\varphi(t-n) = \varphi_{0,-n}(t)$，$n \in \mathbf{Z}$，在 V_{-1} 中的分解可写成

$$\varphi_{0,i}(t) = \varphi(t-i)$$
$$= \sum_n h_i[n]\varphi_{-1,n}(t)$$
$$= \sum_n h_i[n] M^{\frac{1}{2}} \varphi(Mt-n) \tag{7.17}$$

式中，$i = 0, \cdots, q-1$，q 个不同的序列 $h_i[n] = \langle \varphi_{0,i}, \varphi_{-1,n} \rangle$ 可看做 q 个数字滤波器的脉冲响应。

根据式(7.6)，尺度函数可写成

$$\varphi(t) = \sum_n h_i[n] M^{\frac{1}{2}} \varphi(Mt + Mi - n) \tag{7.18}$$

$\varphi_{j,n}$ 由 $\varphi_{j-1,n}$ 来表示，通过在式(7.6)中插入 $\varphi(x)$，有

$$\varphi_{j,n}(t) = M^{-\frac{j}{2}} \varphi(M^{-j}t - n)$$
$$= M^{-\frac{j}{2}} \sum_{k \in \mathbf{Z}} h_i[k] M^{\frac{1}{2}} \varphi(M^{-(j-1)}t + Mi - Mn - k)$$
$$= \sum_{k \in \mathbf{Z}} h_i[k] \varphi_{j-1,M(n-i)+k}(t) \tag{7.19}$$

式中，$i, M(n-i) \in \mathbf{Z}$。

近似系数可用式(7.10)和式(7.19)表示，即

$$a_{j,n} = \langle f, \varphi_{j,n} \rangle$$
$$= \langle f, \sum_{k \in \mathbf{Z}} h_i[k] \varphi_{j-1,M(n-i)+k} \rangle$$
$$= \sum_{k \in \mathbf{Z}} \tilde{h}_i[k] \langle f, \varphi_{j-1,M(n-i)+k} \rangle$$
$$= \sum_{k \in \mathbf{Z}} \tilde{h}_i[k] a_{j-1,M(n-i)+k} \tag{7.20}$$

设 $l = M(n-i) + k, n = sq + i, k = l - sp$，则 $M(n-i) = sp$，可证明

$$a_{j,sq+i} = \sum_l \tilde{h}_i[l-sp] a_{j-1,l} \tag{7.21}$$

式中，$s \in \mathbf{Z}; i = 0, 1, \cdots, q-1$。

式(7.21)表明 a_j 是由 a_{j-1} 与滤波器 $\{\tilde{h}_i\}_{0 \leqslant i \leqslant q-1}$ 卷积后再 p 下采样得到的，下

采样的输出是延迟 i 个采样点;q 上采样是在信号的每两个采样点之间插入$(q-1)$个 0,q 个信号最后的总和就是系数 a_j。

7.2.2 细节计算

与空间 $W_0 = \bigcup\limits_{r=1}^{p-q} W_0^r$ 相对应,小波函数 $\Psi^r(t)$ 在 V_{-1} 中的分解由式(7.22)给出,即

$$\Psi^r(t) = \sum_k g_r[k] \varphi_{-1,k}(t) \tag{7.22}$$

即

$$\Psi^r = \sum_k g_r[k] M^{\frac{1}{2}} \varphi(Mt - k) \tag{7.23}$$

式中,$g_r[k] = [\Psi_{0,0}^r, \varphi_{-1,k}]$,将式(7.15)插入式(7.23),可得到

$$\begin{aligned}
\Psi_{j,n}^r(t) &= M^{-\frac{j}{2}} \Psi^r(M^{-j}t - nq) \\
&= M^{-\frac{j}{2}} \sum_k g_r[k] M^{\frac{1}{2}} \varphi(M^{-(j-1)}t - Mnq - k) \\
&= M^{-\frac{j+1}{2}} \sum_k g_r[k] \varphi(M^{-(j-1)}t - np - k) \\
&= \sum_k g_r[k] \varphi_{j-1,np+k}(t)
\end{aligned} \tag{7.24}$$

设 $l = np + k$,由式(7.16)可以证明

$$\begin{aligned}
d_{j,n}^r &= \langle f, \Psi_{j,n}^r \rangle \\
&= \langle f, \sum_k g_r[k] \varphi_{j-1,np+k} \rangle \\
&= \sum_k \widetilde{g}_r[l-np] \langle f, \varphi_{j-1,np+k} \rangle \\
&= \sum_l \widetilde{g}_r[l-np] a_{j-1,l}
\end{aligned} \tag{7.25}$$

式(7.25)表明细节系数 $d_{j,n}^r$ 是由 a_{j-1} 与滤波器 $\widetilde{g}_r$ 卷积,再 p 下采样得到的。

7.2.3 塔形重构算法

重构算法取决于分解算法

$$A_{j-1} f = \sum_n a_{j,n} \varphi_{j,n} + \sum_{r=1}^{p-q} \sum_n d_{j,n}^r \Psi_{j,n}^r \tag{7.26}$$

信号系数是由两个信号相加得到的。由式(7.10)和式(7.16)可得

$$a_{j-1,n} = \sum_k a_{j,k} \langle \varphi_{j,k}, \varphi_{j-1,n} \rangle + \sum_k \sum_{r=1}^{p-q} d_{j,k}^r \langle \Psi_{j,k}^r, \varphi_{j-1,n} \rangle \tag{7.27}$$

式中

$$\varphi_{j,k}(t) = \sum_l h_i[l]\varphi_{j-1,M(n-i)+l}(t)$$

$$\Psi_{j,k}^r(t) = \sum_l g_r[l]\varphi_{j-1,np+l}(t)$$

所以

$$\langle \varphi_{j,k}, \varphi_{j-1,n}\rangle = \langle \sum_l h_i[l]\varphi_{j-1,M(k-i)+l}, \varphi_{j-1,n}\rangle$$

$$= \sum_l h_i[l]\langle \varphi_{j-1,M(k-i)+l}, \varphi_{j-1,n}\rangle$$

$$= h_i[n - M(k-i)]$$

$$\langle \Psi_{j,k}^r, \varphi_{j-1,n}\rangle = \langle \sum_l g_r[l]\varphi_{j-1,kp+l}, \varphi_{j-1,n}\rangle$$

$$= \sum_l g_r[l]\langle \varphi_{j-1,kp+l}, \varphi_{j-1,n}\rangle$$

$$= g_r[n - kp]$$

所以

$$a_{j-1,n} = \sum_k a_{j,k} h_i[n - M(k-i)] + \sum_k \sum_{r=1}^{p-q} d_{j,k}^r g_r[n - kp] \tag{7.28}$$

式(7.28)表明 a_{j-1} 是由两个信号求和重构的。可以发现,当 $M = 2$ 时,该算法即为 Mallat 算法。

§7.3 有理小波包分析

7.3.1 有理小波包的定义

设正交小波函数 $\Psi^r(t)$、尺度函数 $\varphi(t)$ 满足双尺度方程

$$\left.\begin{aligned}\varphi(t) &= \sqrt{M}\sum_{k\in\mathbf{Z}} h_k^i \varphi(Mt + Mi - k)\\ \Psi^1(t) &= \sqrt{M}\sum_{k\in\mathbf{Z}} g_k^1 \varphi(Mt - k)\\ &\vdots \qquad\qquad \vdots\\ \Psi^{N-1}(t) &= \sqrt{M}\sum_{k\in\mathbf{Z}} g_k^{N-1} \varphi(Mt - k)\end{aligned}\right\} \tag{7.29}$$

式中,$M = \dfrac{p}{q}$;$N = p - q + 1$;$i = 0, \cdots, q-1$。

记 $u_0(t) = \varphi(t), u_r(t) = \Psi^r(t), r = 1, \cdots, N-1$,则

第 7 章 有理小波理论及信号估计

$$\left.\begin{aligned} u_0(t) &= \sqrt{M} \sum_{k \in \mathbf{Z}} h_k^i u_0(Mt + Mi - k) \\ u_1(t) &= \sqrt{M} \sum_{k \in \mathbf{Z}} g_k^1 u_0(Mt - k) \\ &\vdots \qquad \qquad \vdots \\ u_{N-1}(t) &= \sqrt{M} \sum_{k \in \mathbf{Z}} g_k^{N-1} u_0(Mt - k) \end{aligned}\right\} \quad (7.30)$$

称由公式

$$\left.\begin{aligned} u_{Nn}(t) &= \sqrt{M} \sum_{k \in \mathbf{Z}} h_k^i u_n(Mt + Mi - k) \\ u_{Nn+1}(t) &= \sqrt{M} \sum_{k \in \mathbf{Z}} g_k^1 u_n(Mt - k) \\ &\vdots \qquad \qquad \vdots \\ u_{Nn+N-1}(t) &= \sqrt{M} \sum_{k \in \mathbf{Z}} g_k^{N-1} u_n(Mt - k) \end{aligned}\right\} \quad (7.31)$$

所定义的函数集合 $\{u_n(t)\}_{n=0,1,2\cdots}$ 为由 $u_0(t) = \varphi(t)$ 确定的小波包。

定理 7.5 $U_j^n = U_{j+1}^{Nn} \oplus U_{j+1}^{Nn+1} \oplus \cdots \oplus U_{j+1}^{Nn+N-1}$。 $\quad (7.32)$

证明:将式(7.31)中的 t 换成 $M^{-(j+1)}t - m$,则有

$$\left.\begin{aligned} u_{Nn}(M^{-(j+1)}t - m) &= \sqrt{M} \sum_{k} h_k^i u_n(M^{-j}t - Mm + Mi - k) \\ u_{Nn+1}(M^{-(j+1)}t - m) &= \sqrt{M} \sum_{k} g_k^1 u_n(M^{-j}t - Mm - k) \\ &\vdots \qquad \qquad \vdots \\ u_{Nn+N-1}(M^{-(j+1)}t - m) &= \sqrt{M} \sum_{k} g_k^{N-1} u_n(M^{-(j+1)}t - Mm - k) \end{aligned}\right\} \quad (7.33)$$

以上说明 U_{j+1}^{Nn} 和 $U_{j+1}^{Nn+r}(r=1,\cdots,N-1)$ 都是 U_j^n 的子空间,再证明 U_j^n 能否用 U_{j+1}^{Nn} 和 $U_{j+1}^{Nn+r}(r=1,\cdots,N-1)$ 线性表示,即证明 $k \in \mathbf{Z}$ 时,

$$\sqrt{M} u_n(M^{-j}t - k) = \sum_{i=0}^{q-1} \sum_{m \in \mathbf{Z}} \bar{h}_{k-Mm}^i u_{Nn}(M^{-(j+1)}t - i - m) + \sum_{r=1}^{N-1} \sum_{m} \bar{g}_{k-Mm}^r u_{Nn+r}(M^{-(j+1)}t - m) \quad (7.34)$$

成立。

Zhang Jiankang 等(1998)指出

$$\sum_{m} [\bar{h}_{k-Mm}^i h_{l-Mm}^i + \bar{g}_{k-Mm}^1 g_{l-Mm}^1 + \cdots + \bar{g}_{k-Mm}^{N-1} g_{l-Mm}^{N-1}] = \delta_{kl} \quad (7.35)$$

令 $m = sq, s \in \mathbf{Z}$,则 $Mm = sp$,所以式(7.34)右端

$$\sum_{i=0}^{q-1} \sum_{m} \bar{h}_{k-Mm}^i u_{Nn}(M^{-(j+1)}t - i - m) + \sum_{r=1}^{N-1} \sum_{m} \bar{g}_{k-Mm}^r u_{Nn+r}(M^{-(j+1)} - m)$$

$$= \sum_{i=0}^{q-1} \sum_{s} \bar{h}_{k-sp}^i \left[\sqrt{M} \sum_{l} h_l^i u_n(M^{-j}t - Mi - sp + Mi - l) \right] +$$

$$\sum_{r=1}^{N-1}\sum_s \bar{g}^r_{k-sp}\Big[\sqrt{M}\sum_l g^r_l u_n(M^{-j}t-sp-l)\Big]$$

$$=\sqrt{M}\sum_v\sum_s\Big[\sum_{i=0}^{q-1}\bar{h}^i_{k-sp}h^i_{v-sp}+\sum_{r=1}^{N-1}\bar{g}^r_{k-sp}g^r_{v-sp}\Big]u_n(M^{-j}t-sp-l)$$

$$=\sqrt{M}\sum_v u_n(M^{-j}t-l)\delta_{vk}$$

$$=\sqrt{M}u_n(M^{-j}t-k)$$

式中，$v=sp+l$。

证毕。

7.3.2 有理小波包分解的快速算法

若 $L^2(\mathbf{R})$ 中的函数 $f^n_j(t)\in U^n_j$，那么

$$f^n_j(t)=\sum_l d^{j,n}_l M^{-\frac{j}{2}} u_n(M^{-j}t-l) \tag{7.36}$$

又因为

$$U^n_j = U^{Nn}_{j+1}\oplus U^{Nn+1}_{j+1}\oplus\cdots\oplus U^{Nn+N-1}_{j+1}$$

所以

$$f^n_j(t)=f^{Nn}_{j+1}(t)+f^{Nn+1}_{j+1}(t)+\cdots+f^{Nn+N-1}_{j+1}(t) \tag{7.37}$$

其中

$$\left.\begin{aligned}
f^{Nn}_{j+1}(t) &= \sum_{i=0}^{q-1}\sum_{m\in\mathbf{Z}} d^{j+1,Nn}_m u_{Nn}(M^{-(j+1)}t-i-m)\\
f^{Nn+1}_{j+1}(t) &= \sum_{m\in\mathbf{Z}} d^{j+1,Nn+1}_m u_{Nn+1}(M^{-(j+1)}t-m)\\
&\vdots\qquad\qquad\vdots\\
f^{Nn+N-1}_{j+1}(t) &= \sum_{m\in\mathbf{Z}} d^{j+1,Nn+N-1}_m u_{Nn+N-1}(M^{-(j+1)}t-m)
\end{aligned}\right\} \tag{7.38}$$

将式(7.38)代入式(7.37)，得

$$f^n_j(t)=\sum_l d^{j,n}_l M^{-\frac{j}{2}} u_n(M^{-j}t-l)$$

$$=\sum_{i=0}^{q-1}\sum_l d^{j,n}_l M^{-\frac{j}{2}} M^{-\frac{1}{2}}\sum_s \bar{h}^i_{l-sp} u_{Nn}(M^{-(j+1)}t-i-sq)+$$

$$\sum_{r=1}^{N-1}\sum_l d^{j,n}_l M^{-\frac{j}{2}} M^{-\frac{1}{2}}\sum_s \bar{g}^r_{l-sp} u_{Nn+r}(M^{-(j+1)}t-sq)$$

$$=\sum_{i=0}^{q-1}\sum_s\Big(\sum_l d^{j,n}_l \bar{h}^i_{l-sp}\Big) M^{-\frac{j+1}{2}} u_{Nn}(M^{-(j+1)}t-i-sq)+$$

$$\sum_{r=1}^{N-1}\sum_s\Big(\sum_l d^{j,n}_l \bar{g}^r_{l-sp}\Big) M^{-\frac{j+1}{2}} u_{Nn+r}(M^{-(j+1)}t-sq) \tag{7.39}$$

式(7.39)与式(7.36)联立,得

$$\left.\begin{aligned} d_{sq+i}^{j+1,Nn} &= \sum_{l} d_{l}^{j,n} \overline{h}_{l-sp}^{i} \\ d_{s}^{j+1,Nn+1} &= \sum_{l} d_{l}^{j,n} \overline{g}_{l-sp}^{1} \\ &\vdots \qquad \vdots \\ d_{s}^{j+1,Nn+N-1} &= \sum_{l} d_{l}^{j,n} \overline{g}_{l-sp}^{N-1} \end{aligned}\right\} \tag{7.40}$$

即

$$\left.\begin{aligned} d_{sq+i}^{j+1,Nn} &= \sum_{l} d_{l}^{j,n} \overline{h}_{l-sp}^{i} \\ d_{sq}^{j+1,Nn+r} &= \sum_{l} d_{l}^{j,n} \overline{g}_{l-sp}^{r} \end{aligned}\right\} \tag{7.41}$$

式中,$s \in \mathbf{Z}; i = 0, \cdots, q-1; i = 0, \cdots, q-1; r = 1, \cdots, N-1$。

式(7.41)便是小波包分解的快速算法。它们表示若已知函数在尺度 j 下某子空间的系数 $d_l^{j,n}$,就可以计算出在尺度 $j+1$ 下相应的基下的系数 $d_l^{j+1,Nn+r}$,而且在计算中并不需要知道小波函数的具体表达式,只需要知道相应的滤波器系数 $h_n^i(i = 0, \cdots, q-1)$ 和 $g_n^r(r = 1, \cdots, N-1)$。

7.3.3 有理小波包重构的快速算法

将式(7.31)代入式(7.38),有

$$\begin{aligned} f_{j+1}^{Nn}(t) &= \sum_{i=0}^{q-1} \sum_{s} d_{sq+i}^{j+1,Nn} M^{\frac{j+1}{2}} u_{Nn}(M^{-(j+1)}t - i - sq) \\ &= \sum_{i=0}^{q-1} \sum_{s} d_{sq+i}^{j+1,Nn} M^{\frac{j+1}{2}} \sqrt{M} \sum_{l} h_l^i u_n(M^{-j}t - Mi + Mi - sp - l) \\ &= \sum_{i=0}^{q-1} \sum_{s} d_{sq+i}^{j+1,Nn} M^{-\frac{j}{2}} \sum_{k} h_{k-sp}^i u_n(M^{-j}t - k) \\ &= \sum_{k} \sum_{s} (d_{sq+i}^{j+1,Nn} h_{k-sp}^i) M^{-\frac{j}{2}} u_n(M^{-j}t - k) \\ &= M^{-\frac{j}{2}} \sum_{k} \Big[\sum_{i=0}^{q-1} \sum_{s} d_{sq+i}^{j+1,Nn} h_{k-sp}^i \Big] u_n(M^{-j}t - k) \end{aligned}$$

式中,$k = sp + l$。

$$\begin{aligned} f_{j+1}^{Nn+r}(t) &= \sum_{s} d_{s}^{j+1,Nn+r} M^{\frac{j+1}{2}} u_{Nn}(M^{-(j+1)}t - sq) \\ &= \sum_{s} d_{s}^{j+1,Nn+r} M^{\frac{j+1}{2}} \sqrt{M} \sum_{l} g_l^r u_n(M^{-j}t - sp - l) \\ &= \sum_{s} d_{s}^{j+1,Nn+r} M^{-\frac{j}{2}} \sum_{k} g_{k-sp}^r u_n(M^{-j}t - k) \end{aligned}$$

$$= \sum_s \sum_k (d_s^{j+1,Nn+r} g_{k-sp}^r) M^{-\frac{j}{2}} u_n(M^{-j}t - k)$$

式中，$k = sp + l; r = 1, \cdots, N-1$。

将以上 N 个式子相加，并与式(7.36)比较，可知

$$d_k^{j,n} = \sum_{i=0}^{q-1} d_{sq+i}^{j+1,Nn} h_{k-sp}^i + \sum_{r=1}^{N-1} \sum_s d_{sq}^{j+1,Nn+r} g_{k-sp}^r \tag{7.42}$$

式(7.41)是由尺度 $j+1$ 的基下的系数 $d_s^{j+1,Nn+r}(r=0,1,\cdots,N-1)$ 计算出在上一层尺度 j 的基下的系数 $d_k^{j,n}$。

§7.4 算法实现

7.4.1 滤波器构造[①]

有理正交小波基是在傅里叶域内计算的，相应的滤波器也应在该域内构造。分解滤波器的脉冲响应系数按如下形式给出

$$h_n[k] = \langle \varphi_{0,n}, \varphi_{-1,k} \rangle \quad (n = 0, \cdots, q-1) \tag{7.43}$$

应用式(7.6)和式(7.9)到式(7.43)，容易看出，在傅里叶域内这些系数可由式(7.44)计算，即

$$\hat{h}_n(\omega) = \sqrt{M} \frac{\hat{\varphi}(M\omega)}{\hat{\varphi}(\omega)} e^{-inM\omega} \tag{7.44}$$

式中，i 是虚数单位。

g 滤波器的脉冲响应系数存在如下关系

$$g_m[k] = \langle \Psi_{0,0}^m, \varphi_{-1,k} \rangle \quad (m = 1, \cdots, p-q) \tag{7.45}$$

应用式(7.15)和式(7.24)，容易看出，在傅里叶域内这些系数可由式(7.46)计算，即

$$\hat{g}_m = \sqrt{M} \frac{\hat{\Psi}^m(M\omega)}{\hat{\varphi}(\omega)} \tag{7.46}$$

7.4.2 塔形算法实现

充分利用傅里叶域内定义的滤波器实现塔形算法是非常有效的。选择在傅里叶域内实现塔形算法有两个理由：一是滤波器是在傅里叶域内定义，在该域内实现塔形算法能够更好地利用滤波器；二是滤波器是有限长度，因而在傅里叶域内比在直接域内实现算法的效率更高。下面引申到有理情形。

---

① 本小节内容参考文献(Blu,1998)。

1. 滤波和延迟

在有理小波塔形分解和重构算法中,在傅里叶域内,滤波与复数乘法有关

$$a_n * h \to \hat{a}[k]\hat{h}[k] \qquad (7.47)$$

在傅里叶域内,延迟 z^p 与 $e^{ip\omega}$ 的相位移有关。

2. 上采样和下采样

设 $\hat{x}_n$ 是一维信号 x_k 的离散傅里叶变换(DFT)。n 个采样信号由式(7.48)变换为 pN 个采样信号 $\hat{y}_n$,即

$$\hat{y}_n = \hat{x}_n \bmod n \qquad (7.48)$$

现在,考虑 $\hat{x}_n$ 是由一维信号 x_k 通过离散傅里叶变换得到的,将 n 个采样信号采用式(7.49)变换为 n/p 个采样信号 $\hat{y}_n$,即

$$\hat{y}_n = \frac{1}{p}\sum_{l=0}^{p-1}\hat{x}_{pn+l} \qquad (7.49)$$

7.4.3 有理小波基

Auscher 提出的有理多分辨率分析的小波基 Auscher 基是基于 $M = q + 1/q$ 和 $M = p/q$ 定义的,Auscher 基具有更好的空间分辨率(Baussarda et al, 2004)。

1. 尺度函数定义

$$\hat{\varphi}(\omega) = \begin{cases} \cos\chi(\omega) & |\omega| \leqslant (q-\varepsilon)\pi \\ 0 & \text{其他} \end{cases} \qquad (7.50)$$

其中,$\chi(\omega)$ 是平稳的,由式(7.51)定义为

$$\chi(\omega) = \begin{cases} 0 & \omega \in [0,a] \cup [Mb,+\infty] \\ \dfrac{\pi}{4} + \beta(\omega - q\pi) & \omega \in [a,b] \\ \dfrac{\pi}{2} & \omega \in [b,Ma] \\ \dfrac{\pi}{4} - \beta\left(\dfrac{\omega}{M} - q\pi\right) & \omega \in [Ma,Mb] \end{cases} \qquad (7.51)$$

式中,$a = (q-\varepsilon)\pi, b = (q+\varepsilon)\pi, \varepsilon \in [0,(1+M)^{-1}]$,且 β 是奇异函数,比如

$$\forall \omega \in [\varepsilon\pi, +\infty), 有 \beta = \frac{\pi}{4}\cdots \qquad (7.52)$$

2. 小波函数定义

$$\hat{\Psi}(\omega) = \mathrm{sgn}_{q+1}(\omega)\sin\chi(\omega)e^{-\frac{i\omega}{2}} \qquad (7.53)$$

式中

$$\mathrm{sgn}(\omega) = \begin{cases} 1 & \omega > 0 \\ -1 & \omega \leqslant 0 \end{cases}$$

为构建具有间隔 $[a,b]$ 和 $[Ma,Mb]$ 的 $\chi(\omega)$,建议用如下的函数(Baussarda et al, 2004)

$$y = \frac{1+\cos(x)}{2}$$
$$y = 3x^2 - 2x^3$$
$$y = 10x^3 - 15x^4 + 6x^5$$
$$y = 35x^4 - 84x^5 + 70x^6 - 20x^7$$

§7.5 本章小结

经典小波、小波包、M 带小波的分解都是等频带划分,而实际的大地测量信号中的特征信息对应的频带可能不均匀,在分离信号的某个或某些频率成分时,具有一定的局限性,用等频带划分可能造成信号损失。有理小波分析采用非等频带划分,对某一频率的尺度因子的适应度要优于二进小波和 M 带小波分析。

采用有理多分辨率分析及有理塔形分解与重构算法,选用正交有理小波基,使信号的尺度因子具有更好的适用性;有理小波包及其分解与重构算法提高了信号分解的分辨率,进一步减少了信号的损失,适用于含有非等间隔频带划分的大地测量信号估计,是分析含有不同频带大地测量信号的有效工具。构造新的适合不同大地测量信号的基函数,使其具有更好的空间、时间特征,最优小波包基的选择等问题有待进一步研究。

第8章　大地测量信号小波相关性分析

大地测量信号(如 GPS 基准站坐标序列)随时间变化,两列信号在时域和频域内会存在一定的关系。经典相关性是两列信号相关度的量化方法,这种互相关性适用于平稳信号分析。当信号中包含非平稳成分或两个信号在长尺度范围中发生巨大变化时,经典的互相关分析则显得乏力。为此,引入小波相关性。

小波变换系数蕴涵着小波基函数与被分析信号的相关信息,衡量着小波基函数与信号局部的相似程度,系数越大,表明信号局部与对应的小波基函数越相似(Heil et al,1989)。通过改变尺度因子 a 和平移因子 b 对母小波连续伸缩和平移,则可以得到信号的时间尺度分布。小波分析的基本目的不仅包括辨别信号中的频率成分,还要估计频率成分的时间变化规律。由于小波在时域和频域都具备局部化性质,所以小波变换能够实现分析不同尺度下信号的时变过程。

小波相关性为分析两列大地测量信号之间的变化关系提供了有效的工具,在地球科学研究中已取得许多成果(Onorato et al, 1997; Li hui et al, 1997; Liu Lintao, 2005)。本章针对两列非平稳大地测量信号,重点研究小波相关性,在时频两域内分析两列信号的相似程度;研究小波相干性,分析两列信号在不同频率、不同时间分辨率下的线性相关程度;研究小波相位相干性,比较两列信号间的相位变化关系,进而达到精细而有效地分析两列大地测量信号之间的相互关系。

§8.1　信号的时频相关性

8.1.1　相关的概念

在信号分析中相关是一个非常重要的概念。所谓相关,就是指变量之间的线性联系或相互依赖关系。变量之间的联系可通过反映变量之间的信号之间的内积大小来刻画。本节关于相关分析的讨论均针对实信号进行。设有实信号 $x(t)$ 和 $y(t)$,它们的内积可写成

$$\langle x,y \rangle = \int_0^T x(t)y(t)\mathrm{d}t$$

式中, T 为信号 $x(t)$ 和 $y(t)$ 的观测时间。

显然,如果信号 $x(t)$ 和 $y(t)$ 随自变量的取值相近,内积结果就大,或者说 $x(t)$ 在 $y(t)$ 上的投影大,反之亦然。另外,实际中往往需要将两个信号之一在时域中移

动一段时间 τ 后,再考察它们之间的相关性。如将信号 $y(t)$ 移动时间 τ 得到 $y(t+\tau)$,然后再计算 $x(t)$ 和 $y(t+\tau)$ 的相关性。考虑积分时段的影响,这时信号 $x(t)$ 和 $y(t+\tau)$ 的相关性指标可写成

$$R(\tau) = \lim_{T\to\infty} \frac{1}{T} \int_0^T x(t)y(t+\tau) dt$$

式中,T 为信号 $x(t)$ 和 $y(t)$ 的观测时间,τ 是信号的滞后时间,$R(\tau)$ 是 τ 的函数。观察 $R(\tau)$ 的变化就可以了解信号 $x(t)$ 和 $y(t+\tau)$ 的相关性。

8.1.2 自相关函数

为了反映信号自身取值随自变量前后变化的相似性,将信号 $y(t)$ 用信号 $x(t)$ 代替,就得到信号 $x(t)$ 的自相关函数 $R_{xx}(\tau)$。信号 $x(t)$ 的自相关函数定义为

$$R_{xx}(\tau) = \lim_{T\to\infty} \frac{1}{T} \int_0^T x(t)x(t\pm\tau) dt$$

式中,T 为信号 $x(t)$ 的观测时间。$R_{xx}(\tau)$ 描述了 $x(t)$ 和 $x(t\pm\tau)$ 之间的相关性。实际中常用如下标准化的自相关函数(或称自相关系数),即

$$\rho_{xx} = \frac{R_{xx}(\tau)}{\sigma_x^2}$$

式中,$R_{xx}(\tau)$ 是信号 $x(t)$ 的自相关函数,σ_x 为信号 $x(t)$ 的标准差。

自相关函数 $R_{xx}(\tau)$ 具有如下性质:

(1) $R_{xx}(\tau)$ 为实函数。

(2) $R_{xx}(\tau)$ 为偶函数,即 $R_{xx}(\tau) = R_{xx}(-\tau)$。

(3) $R_{xx}(0) = \phi_x^2$,ϕ_x^2 是 $x(t)$ 的均方值。

说明:$R_{xx}(0) = \lim_{T\to\infty} \frac{1}{T} \int_0^T x(t)x(t\pm 0) dt = \lim_{T\to\infty} \frac{1}{T} \int_0^T x(t)^2 dt = \phi_x^2$。

(4) 对于各态历经随机信号 $x(t)$ 有 $|R_{xx}(\tau)| \leqslant R_{xx}(0)$,$R_{xx}(\tau)$ 在 $\tau = 0$ 处取得最大值。

各态历经过程首先是平稳过程,然后要求总体平均等于时间平均。平稳是指该过程随时间变化而其特性没有发生变化,任意时刻开始观测该过程都是一样的;对于各态历经,任意时刻都可以取所有可能值,即任意观测一次的结果都是一样的。高斯过程是特殊的各态历经过程,具有很多很好的性质,如高阶矩为 0,通过线性系统后仍是高斯过程等。高斯过程是指任意维联合概率密度都为高斯分布的随机过程。

各态历经过程是平稳随机过程中最为重要的一类。如果平稳随机过程中集合的平均值可以由样本的时间平均值来代替,也就是说,其中任意一条样本曲线基本上包含了该随机过程所具有的所有统计特性,这时就说它是态历历经过程。

8.1.3 互相关函数

随机信号 $x(t)$ 和 $y(t)$ 的互相关函数可定义为

$$R_{xy}(\tau) = \lim_{T\to\infty} \frac{1}{T}\int_0^T x(t)y(t+\tau)\mathrm{d}t \tag{8.1}$$

式中,T 为信号 $x(t)$ 的观测时间。$R_{xy}(\tau)$ 是 τ 的函数,描述了 $x(t)$ 和 $y(t)$ 之间的相关情况或取值依赖关系。

同样,互协方差函数 $C_{xy}(\tau)$ 也可以表示 $x(t)$ 和 $y(t)$ 之间的相互关系。若 $x(t)$ 和 $y(t)$ 的均值函数分别为 μ_x 和 μ_y,它们的互协方差函数 $C_{xy}(\tau)$ 为

$$C_{xy}(\tau) = \lim_{T\to\infty} \frac{1}{T}\int_0^T [x(t)-\mu_x][y(t+\tau)-\mu_y]\mathrm{d}t$$

实际中,常用的标准化互相关函数为

$$\rho_{xy}(\tau) = \frac{C_{xy}(\tau)}{\sigma_x \sigma_y} \tag{8.2}$$

式中,$C_{xy}(\tau)$ 为互协方差函数,σ_x 是 $x(t)$ 的标准差,σ_y 是 $y(t)$ 的标准差。

互相关函数 $R_{xy}(\tau)$ 的性质如下:

(1)互相关函数 $R_{xy}(\tau)$ 是实函数,但不是偶函数,且当 $\tau=0$ 时不一定取得最大值。当 $R_{xy}(\tau)=0$ 时,称 $x(t)$ 和 $y(t)$ 不相关。若在 τ_0 处互相关有最大峰值,表示在 τ_0 处 $x(t)$ 和 $y(t+\tau_0)$ 有最大峰值,表示在 τ_0 处 $x(t)$ 和 $y(t+\tau_0)$ 有最大相关性。如果 $x(t)$ 和 $y(t)$ 是统计独立的,且假设其均值 μ_x 和 μ_y 中至少有一个为 0,则对于 $\forall \tau, R_{xy}(\tau)=0$。反之,当 $R_{xy}(\tau)=0$ 时,$x(t)$ 和 $y(t)$ 不一定相互独立。

(2)对于 $\forall \tau, R_{xy}(\tau)$ 满足 $[R_{xy}(\tau)]^2 \leqslant R_x(0)R_y(0)$。采用 Schwartz 不等式可以证明。

(3)若信号是零均值的,在 $\tau\to\infty$ 时,$R_{xy}(\pm\infty)\to 0$。

(4)互相关函数 $R_{xy}(\tau)$ 具有反对称性,即 $R_{xy}(-\tau)=R_{yx}(\tau)$。

(5)若两个信号 $x(t)$ 和 $y(t)$ 均含有周期性分量,且周期相等,则互相关函数 $R_{xy}(\tau)$ 也含有相同周期的周期性分量。例如,设有两个正弦周期性信号 $x(t)$ 和 $y(t)$,它们的表达式分别为 $x(t)=x_0\sin(\omega t+\theta)$ 和 $y(t)=y_0\sin(\omega t+\theta-\varphi)$,它们具有相同的周期,其中,$x_0$ 和 y_0 分别是 $x(t)$ 和 $y(t)$ 的振幅,θ 为 $x(t)$ 的相位角,φ 为信号 $x(t)$ 和 $y(t)$ 的相位差。信号 $x(t)$ 和 $y(t)$ 的互相关函数为 $R_{xy}(\tau)=\frac{x_0 y_0}{2}\cos(\omega t-\varphi)$。显然,互相关函数 $R_{xy}(\tau)$ 的周期与信号 $x(t)$ 和 $y(t)$ 的周期相同,同时,互相关函数 $R_{xy}(\tau)$ 还保留了两个信号的相位差信息 φ。

§8.2 时间序列信号小波相关性分析

8.2.1 小波相关性

小波互相关类似于经典的信号互相关,有效地提供了两个信号相关性对尺度的依赖程度(Li Hui et al,1997;Liu Lintao,2005)。设两个互相关信号 $x(t)$ 和 $y(t)$,在给定尺度 a 和时延 u 下,x、y 的小波互相关性定义为(Sello et al,2000)

$$WR_{xy}(a,u) = E[W_{xx}(a,\tau)W_{yy}(a,\tau+u)] \tag{8.3}$$

式中,$W_{xx}(a,\tau)$ 和 $W_{yy}(a,\tau+u)$ 分别为 $x(t)$ 和 $y(t)$ 的小波变换系数,E 是求期望。

若分离小波变换系数的实部 $RW_{xx}(a,\tau)$ 和虚部 $IW_{yy}(a,\tau+u)$,只讨论用实部量化给定尺度 a 下两个信号的相关程度,则小波互相关定义为

$$WR_{xy}(a,u) = \frac{RWC_{xy}(a,u)}{\sqrt{RWC_{xx}(a,0)RWC_{yy}(a,0)}} \tag{8.4}$$

式中,$RWC_{xy}(a,u)$ 是 $WC_{xy}(a,u)$ 的实部。

Sello 和 Bellazzini 建议只考虑小波变换的实部,用小波交叉谱

$$WC_{xy}(a,u) = \overline{W}C_{xx}(a,u)WC_{yy}(a,u)$$

定义小波局部相关系数为(Mizuno-Matsumoto et al,2001)

$$WLCC(a,u) = \frac{RW_{xy}(a,u)}{|W_{xx}(a,u)||W_{yy}(a,u)|} \tag{8.5}$$

该小波局部相关系数定义的理论基础是经典互相关和交叉小波频谱间的关系,即

$$\int_{-\infty}^{+\infty} x(t)y(t)\mathrm{d}t = \frac{1}{C_{\Psi}}\int_{0}^{+\infty}\int_{-\infty}^{+\infty} RW_{xy}(a,\tau)\mathrm{d}a\mathrm{d}\tau$$

式中,$C_{\Psi} = \int_{0}^{+\infty}\frac{|\Psi(\omega)|^2}{|\omega|}\mathrm{d}\omega$。

若考虑小波变换的实部和虚部提供的信息具有一定的联系(Mizuno-Matsumoto et al,2002),则小波互相关定义为

$$WR_{xy}(a,\tau) = \frac{\sqrt{|RWC_{xy}(a,\tau)|^2 + |IWC_{xy}(a,\tau)|^2}}{\sqrt{|WC_{xx}(a,0)||WC_{yy}(a,0)|}} \tag{8.6}$$

式中,RWC_{xy} 和 IWC_{xy} 分别是式(8.3)定义的交叉小波相关性函数的实部和虚部。

从经典互相关和小波互相关定义可以看出,小波互相关相比经典互相关引入了参数 a,而正是这一参数的引入,使得将经典相关性只在时域内分析两个信号在不同延迟时的相关性,引入到在时频两域内分析信号的相似程度。也就是说小波互相关随尺度的变化而变化,是两个信号在不同延迟时的相关性,因而能够反映出

信号互相关最大时,在该频率处两个信号的延迟(相差)等信息,为探测两个信号的相似程度提供更丰富的信息,对分析两个信号的某一频率成分的相似程度有着重要的作用,实现了在时频两域内同时分析两个信号的相关性。

8.2.2 仿真试验

采用 4.2.3 中的仿真试验数据,应用式(8.5)对实例 X、Y 信号进行小波互相关分析,分析结果如图 8.1 所示。从图 8.1 中可以看出,在 $T = 30\,\text{d}$,两个信号向前延迟为 8 d 时,相似程度最大;与 X、Y 信号延迟 8 d,在周期为 30 d 时的初始相位差为 0.27 的仿真数据是相吻合的。同样,在 $T = 180\,\text{d}$,两个信号向后延迟 18 d 时,相似程度最大,与 X、Y 信号 18 d 的延迟,在周期为 180 d 时的初始相位差为 0.1 是相吻合的。

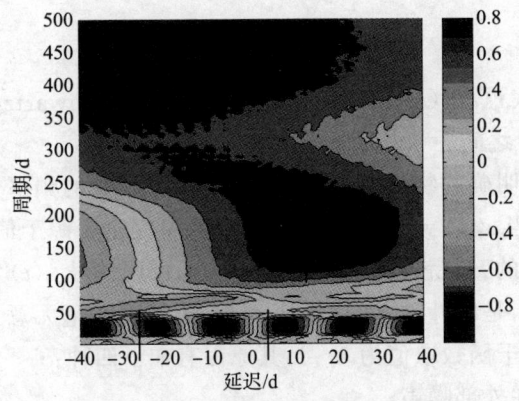

图 8.1 信号 X、Y 的小波相关性

§8.3 时间序列信号小波相干性分析

相干函数是计算两个随机过程频谱相关性的直接方法。如果过程是平稳的,即假设它们的频谱不随时间变化,傅里叶分析能够实现频谱的精确估计,同样也能给出相干性的精确估计(Onorato et al,1997)。可是它的前提是假设信号是平稳的,但无法辨别信号的振幅和相位成分。由于实际大地测量时间序列信号受多种因素的影响,其变化过程中产生的信号是非平稳的、动态的,其内涵的特征信息的频率可能随时间而变化,表现出频率分布不均匀。因而,相干性需要作为时间函数研究,这样限制了傅里叶分析的应用。为此,引入小波相干性。

引入基于小波相干性的时间过程,是借鉴物理学中估计非平稳信号互相作用的研究(Gardner,1992;Milligen et al,1995;Santoso et al,1997)。与基于傅里叶的相干性相比,小波相干性能够以时间函数方式进行相干性分析,因而成为研究动态信号相互作用的有效替代方法。

8.3.1 相干性函数

相干函数分析建立在平稳随机信号的自功率谱密度函数 $S_{xx}(\omega)$、$S_{yy}(\omega)$ 和互功率谱密度函数 $S_{xy}(\omega)$ 基础之上。相干函数又称凝聚函数,它不同于时域中的相关函数,是频率的函数,它在频域内描述信号 $x(t)$ 和 $y(t)$ 的相关性。对两个连续有限能量信号 $x(t)$ 和 $y(t)$,经典的相关性是指两个信号的时间相干性。将这两个信号进行傅里叶变换,设其频率为 f,则 x 和 y 相干性定义为(Jean-Philippe et al,2002)

$$\rho(f) = \frac{|S_{xy}(f)|}{\sqrt{|S_{xx}(f)||S_{yy}(f)|}} \tag{8.7}$$

式中,$S_{xy}(f)$ 是两个信号 $x(t)$ 和 $y(t)$ 的交叉频谱密度。当假设信号平稳时,$S_{xy}(f)$ 定义为

$$S_{xy}(f) = \int_{-\infty}^{+\infty} R_{xy}(\tau) e^{-2\pi f \tau i} d\tau \tag{8.8}$$

式中,$R_{xy}(\tau) = E(x(t)y(t-\tau))$,i 是虚数单位。由 Schwartz 不等式,能够保证 $\rho(f)$ 值介于 0 和 1 之间。

相干函数具有明确的物理意义,它反映了信号 $y(t)$ 的频率分量在多大程度上来源于信号 $x(t)$。当 $\rho(f)=1$,说明信号 $y(t)$ 频率完全来源于信号 $x(t)$,称为完全相干。此时,计算出的 S_{xy} 完全可信。当 $\rho(f)=0$,说明信号 $y(t)$ 和 $x(t)$ 关于频率 f 的分量完全不相干,是统计独立的。此时,计算的 $S_{xy}(f)$ 毫无意义。

一般情况下相干函数取值为 0~1,其原因有如下四种:
(1)测量中存在外部噪声;
(2)谱估计中存在分辨率偏差;
(3)系统是非线性的;
(4)除了输入信号 $x(t)$ 以外,还有其他输入。

对于线性系统可理解为在各频率处信号 $y(t)$ 有部分来源于信号 $x(t)$,其余则来源于其他的信号源或外界噪声的干扰。另外,需要注意的是,如果输入的平稳随机信号其均值不等于零,在求 $\rho(f)$ 时,还需要进行零均值化处理。

相干函数 $\rho(f)$ 可以确定输出信号 $y(t)$ 中分量有多大程度来自输入信号 $x(t)$,因此,可以用来判断系统输出与某特定输入的相关程度,即利用相干函数可发现系统是否还有其他输入干扰及系统的线性程度。真正的线性系统,在外界无干扰的情况下,其输出对某特定的相干函数应等于 1。相干函数还可用于谱估计和系统动态特性的测量精度估计。

估计两个信号的相干性值要求已知 x 和 y 的频谱及它们的交叉频谱,可用有限时间段内观测的信号求得。实际情况下,有限时间段数据的频谱和交叉频谱可由整个过程的某一段观测信号来估计。两个有限长度时间序列的交叉频谱的估计

(Challis et al,1991)为

$$S_{xy} = \tilde{x}(f) \cdot \overline{\tilde{y}}(f) \tag{8.9}$$

式中,$\tilde{x}(f)$ 是时间序列 $x(t)$ 在频率为 f 时的离散傅里叶系数,$\overline{\tilde{y}}(f)$ 是 $\tilde{y}(f)$ 的复共轭。该估计是非稳定估计。为了提高估计的可靠性,又提出了平滑频谱估计。

8.3.2 小波相干性

平滑技术仅仅当各分段具有同一频谱估计时才有意义。这种情形下,要求 x 和 y 是平稳的,即它们的频谱特征不随着时间变化而变化,也意味着 x(和 y)能分解为幅值和相位都不变的正弦波的叠加(Bullock et al,1995)。傅里叶分析适用于分析此类信号。当 x 和 y 是非平稳时,傅里叶分析和以上的相干性估计就不适用了。

为解决非平稳信号分析中存在的问题,近年来又提出应用小波分析估计非平稳信号相干性的方法(Gardner,1992;Milligen et al,1995;Santoso et al,1997)。与傅里叶分析相比,小波分析能够分析具有时变频谱的信号(Bullock,1995)。它能够实现信号的时频分析,即将信号的频谱特征估计为一个时间函数。在一定意义上,小波分析接近于短时傅里叶变换。但是,短时傅里叶分析窗的大小是不变的,而小波分析窗能够适用于信号的频率。

Van Milligen 和 Santoso 应用 Morlet 小波分解信号(也可以选择其他的小波)(Gardner,1992;Santoso et al,1997)。Morlet 小波的优点在于它具有良好的时间聚集性、较高的频率分辨率、包含相位信息及其与常规信号非常相似等特点,因而用于识别两个非平稳时间序列的关联程度(Gray et al 1992;Weiss et al,1996;Torrence et al,1999)进行信号的频谱估计。在频率 f 和时刻 τ,Morlet 小波定义如下

$$\Psi_{\tau,f}(u) = \sqrt{f}\,\mathrm{e}^{(i2\pi f(u-\tau))}\mathrm{e}^{\left(-\frac{(u-\tau)^2}{\sigma^2}\right)} \tag{8.10}$$

式中,$\Psi_{\tau,f}(u)$ 是频率为 f 的正弦波与以时刻 τ 为中心的高斯函数的乘积,高斯函数的标准差 σ 与 f 的倒数成正比。

1. 小波相干性

由第 2 章可知,信号 $x(t)$ 的小波变换是由信号与小波卷积得到的关于频率 f 和时刻 τ 的函数,即

$$W_{xx}(\tau,f) = \int_{-\infty}^{+\infty} x(t)\overline{\Psi}_{\tau,f}(t)\mathrm{d}t \tag{8.11}$$

Torrence 和 Webster 建议通过小波频谱的光滑估计来确定小波相干(Valdes-Galicia et al,2008)。在频率 f 和时刻 t,定义信号的光滑小波谱 $SW_{xx}(t,f)$ 和交叉小波谱 $SW_{xy}(t,f)$ 为

$$SW_{xx}(t,f) = \int_{t-\frac{\delta}{2}}^{t+\frac{\delta}{2}} \overline{W}_{xx}(\tau,f) W_{xx}(\tau,f) \mathrm{d}\tau \tag{8.12}$$

$$SW_{xy}(t,f) = \int_{t-\frac{\delta}{2}}^{t+\frac{\delta}{2}} \overline{W}_{xx}(\tau,f) W_{yy}(\tau,f) \mathrm{d}\tau \tag{8.13}$$

式中,$\overline{W}_{xx}(\tau,f)$ 表示 $W_{xx}(\tau,f)$ 复共轭,δ 是依赖于频率的一个标量(Challis et al,1991)。在小波相干性中,δ 是个很重要的参数,它定义了小波相干性的时间分辨率,δ 值越少,适应的信号频率越高,因而能够满足相干性的时间变化(Gardner,1992)。与基于傅里叶的相干性类似,频率 f 和时刻 t 的小波相干性 $WC(t,f)$ 定义为

$$WC(t,f) = \frac{|SW_{xy}(t,f)|}{\sqrt{|SW_{xx}(t,f)||SW_{yy}(t,f)|}} \tag{8.14}$$

$SW_{xy}(t,f)$ 是由式(8.13)定义的信号 x 和 y 的一个标量,Schwartz 不等式能够保证 $WC(t,f)$ 的值介于 0 和 1 之间。当 $\delta = 0$ 时,在任意频率 f 和时刻 t,两信号的小波相干性 $WC(t,f) = 1$。

2. 小波平方相干性

交叉小波能量是一般意义上的能量度量,而小波平方相干性是两个时间序列在时频空间中的协方差强度的度量。Torrence 和 Webster 用平滑交叉小波谱的绝对值的平方定义小波平方相干性 $R_n^2(t,f)$(Lachaux et al,1999),并用平滑小波能量谱对其进行标准化(Valdes-Galicia,2008)。

$$R_n^2(t,f) = \frac{|\langle W_{xy}^n(t,f) \rangle|^2}{\langle S^{-1}|W_{xx}^n(t,f)|^2 \rangle \langle S^{-1}|W_{yy}^n(t,f)|^2 \rangle} \tag{8.15}$$

式中,$\langle \cdot \rangle$ 表示在时间和尺度上均进行平滑。因子 S^{-1} 用于将其转换为能量密度,$0 \leqslant R_n^2(t,f) \leqslant 1$。

小波相干性的相位为

$$\varphi_n(t,f) = \tan^{-1}\left(\frac{I(S^{-1}W_{xy}(t,f))}{R(S^{-1}W_{xy}(t,f))}\right) \tag{8.16}$$

式中,R 代表复数的实部,I 代表复数的虚部。根据小波平方相干性,定义全局小波相干谱为

$$GWCS(t,f) = \sum_n R_n^2(t,f) \sum_n \frac{|\langle W_{xy}^n(t,f) \rangle|^2}{\langle S^{-1}|W_{xx}^n(t,f)|^2 \rangle \langle S^{-1}|W_{yy}^n(t,f)|^2 \rangle} \tag{8.17}$$

如果两个时间序列的相干性强,在相干性谱中若两种过程的相位相同或相位相反,意味着两种过程存在线性关系;若两种过程超出上述相位的情形,意味着两种现象具有非线性关系。小波相干性特别适用于两种过程具有很强的相互作用时的时间序列时频分析。

由于小波相干性与相干性函数 $\rho(f)$ 相似,$WC(t,f)$ 可以看做是将 x 和 y 的小波系数近似为时刻 t 时 x 和 y 的频率成分的相关系数。这种性质能够更好地适应非

平稳信号的性质。而全局频率不适应这种非平稳过程,因此选用时变频率取代之。

3. 仿真实例

构造仿真信号 X 和 Y,参数如下:

$t = 1 \sim 1000$

$X = \sin(2\pi t/30)/2 + \sin(2\pi t/25)/2 - 0.8$

$Y = \sin(2\pi t/26)/6 + \sin(2\pi t/28)/6 + \sin(2\pi t/30)/6 +$
$\quad \sin(2\pi t/32)/6 + \sin(2\pi t/34)/6 + \sin(2\pi t/36)/6 - 0.8$

信号 X 由频率为 30 Hz 和 25 Hz 的正弦波构成,信号 Y 由频率为 26 Hz、28 Hz、30 Hz、32 Hz、34 Hz 和 36 Hz 的正弦波构成,初始相位都为 0,采样频率为 1 Hz,采样点数为 1 000,构成如图 8.2 所示的信号以及各信号的小波平方相干性。

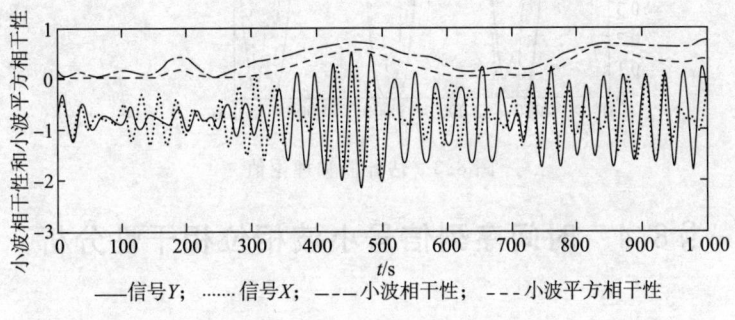

——信号Y; ……信号X; ——小波相干性; --- 小波平方相干性

图 8.2 信号 X、Y 的小波相干性

8.3.3 时间分辨率

δ 定义了小波一致性的时间分辨率,δ 值越少,适应的信号频率越高,因而能够满足一致性的时间变化(Lachaux et al,2002)。为说明小波一致性的时间分辨率,引入两个信号 $s_1(t)$ 和 $s_2(t)$,它们的一致性随时间的变化而变化,如图 8.3 所示。然后对比其理论值与估计值。

$s_1(t)$ 和 $s_2(t)$ 定义为

$$\left. \begin{array}{l} s_1(t) = \varepsilon_1(t) + \alpha(t)\varepsilon_1(t) \\ s_1(t) = \varepsilon_2(t) + \alpha(t)\varepsilon_2(t) \end{array} \right\} \quad (8.18)$$

式中,$t = 1 \text{ ms}, \cdots, 5\,000 \text{ ms}$,$\varepsilon_1(t)$ 和 $\varepsilon_2(t)$ 是两个独立的白噪声信号(均值为 0,方差为 1),$\alpha(t)$ 是频率为 0.6 Hz 的正弦信号。

$$\alpha(t) = 0.5 + 0.5\sin\left(2\pi \times \frac{6}{10}t\right) \quad (8.19)$$

对任一频率,$\varepsilon_1(t)$ 和 $\varepsilon_2(t)$ 的自相关频谱都等于 σ,它们的互相关频谱为 0。由 $\varepsilon_1(t)$ 和 $\varepsilon_2(t)$ 的自相关频谱和交叉频谱可以计算出一致性的理论值,该理论值是关于 α 的函数,即

$$\rho(t) = \frac{4\alpha(t)^2}{(1+\alpha(t)^2)^2} \tag{8.20}$$

对比 $s_1(t)$ 和 $s_2(t)$ 的小波一致性估计值和理论值 $\rho(t)$,图 8.3 所示为 5 000 ms 时间段内理论值和小波一致性估计值随时间的变化,表明小波一致性估计值与理论值 $\rho(t)$ 基本同步(两个函数的相关系数是 0.85)。

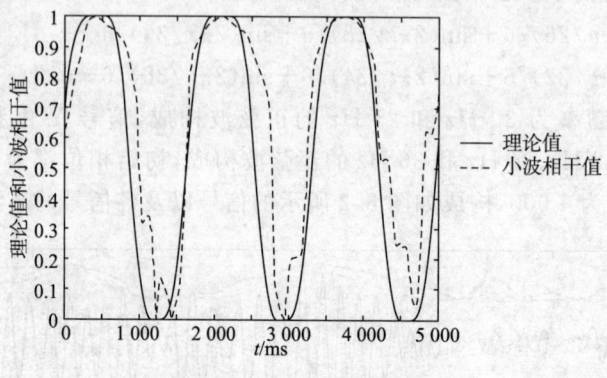

图 8.3 估计值和理论值

§8.4 时间序列信号小波相位相干性分析

8.4.1 相位相干性

相位相干性是相干性的更深层次的解释,它只强调两个信号的相位关系。如前所述,两个信号 x 和 y 的相干性 $\rho(t)$ 可表达为在特定频率 $x'f$ 和 $y'f$ 时,x 和 y 的组成成分相关性。对任意窄带信号,这些成分以两个时间函数为特征:振幅 $A(t)$ 和相位 $\phi(t)$。$x'f$ 和 $y'f$ 可写成

$$\left. \begin{array}{l} x'f = A_x(f,t)\cos(2\pi ft + \phi_x(f,t)) \\ y'f = A_y(f,t)\cos(2\pi ft + \phi_y(f,t)) \end{array} \right\} \tag{8.21}$$

当 $A(t)$ 增加,且相位差 $\phi_y(f,t) - \phi_x(f,t)$ 随时间减少时,相干性增加;反之,相干性降低(Goldstein,1970)。频率为 f 时,信号 x 和 y 的相位抖动估计称为相位相干性(Dobie et al,1994;Rodriguez et al,1999),将其定义为时间 t 的函数,即

$$PC(f,t) = \left| \frac{1}{\delta} \int_{t-\frac{\delta}{2}}^{t+\frac{\delta}{2}} e^{j(\phi_y(f,\tau) - \phi_x(f,\tau))} d\tau \right| \tag{8.22}$$

8.4.2 小波相位相干性

充分利用小波的局部分析能力,估计相位相干性(Rodriguez et al,1999)。在时刻 τ,x'_f 和 y'_f 的即时相位差由 $W_{y_f}(\tau)$、$W_{x_f}(\tau)$ 相位给出。由于 $\frac{W_{y_f}(\tau)}{|W_{y_f}(\tau)|} = e^{(j\phi_y(f,\tau))}$,代入式(8.21),则 $PC(f,t)$ 为

$$PC(f,t) = \left| \frac{1}{\delta} \int_{t-\frac{\delta}{2}}^{t+\frac{\delta}{2}} \frac{W_{y'f}(\tau)}{|W_{y'f}(\tau)|} \cdot \frac{\overline{W}_{x'f}(\tau)}{|W_{x'f}(\tau)|} d\tau \right| \quad (8.23)$$

对于给定的频率,相干性不能区分两个信号的组成成分、幅值和相位,而小波相位相干性能够严格比较两个信号间的相位变化(Goldstein,1970;Rodriguez et al,1999)。

8.4.3 仿真试验

应用 8.2.3 节中的仿真数据,进行小波相位相干性分析,结果如图 8.4 所示。

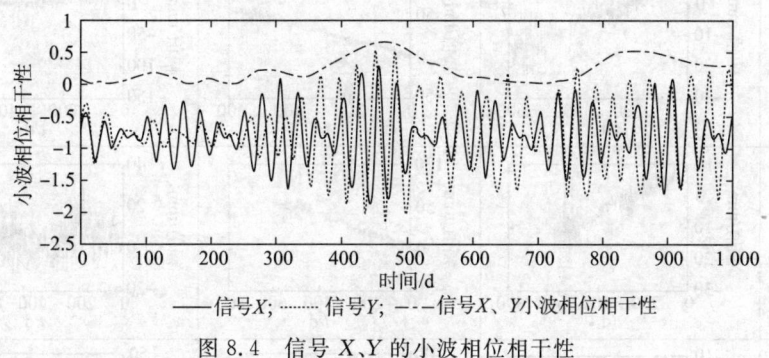

图 8.4 信号 X、Y 的小波相位相干性

§8.5 大地测量信号小波相关性分析

数据来源为山东基准站的数据,如表 8.1 所示。如图 8.5 所示,站点分布在山东具有差异运动的构造板块体内部、临沭断裂带两侧,分别为 YATI、JIMO、RIZH、CASH、WUDI、TAIN,其基础岩性依次为花岗岩、角砾岩、花岗岩、灰岩、火山砾岩、花岗片麻岩,站间最长基线长为 510 km,最短基线长为 139 km。根据 GPS 数据处理结果,基准站站点相对于欧亚板块的总体运动趋势近似为东西方向,位于临沭断裂带西侧的 WUDI、CASH 站略向东偏北方向运动,而东侧的 YATI 和 JIMO 站略向东偏南方向运动,随着观测资料的积累,山东基准站的运动方向略有不同,但均为近东西方向。基准站数据如表 8.1 所示。

表 8.1 山东基准站数据

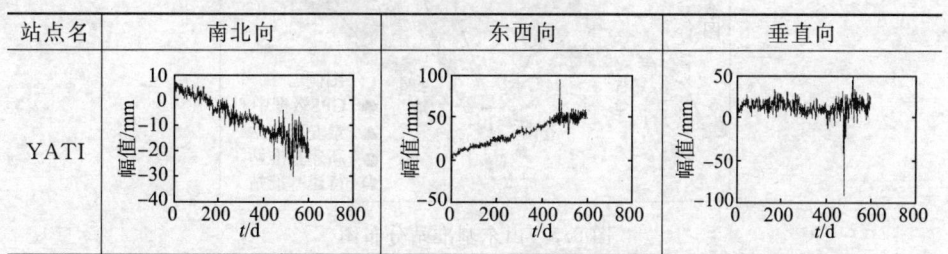

续表

站点名	南北向	东西向	垂直向
WUDI	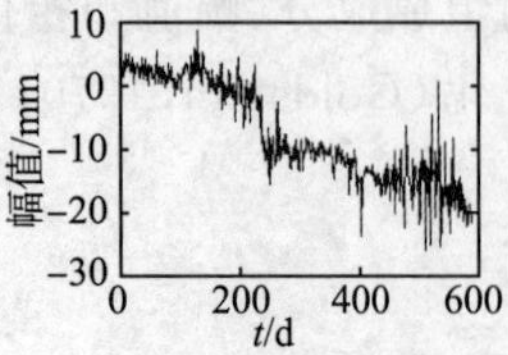	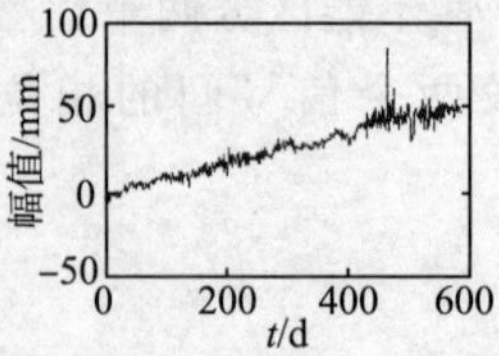	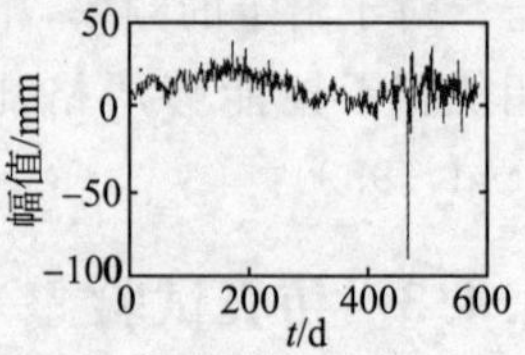
TAIN	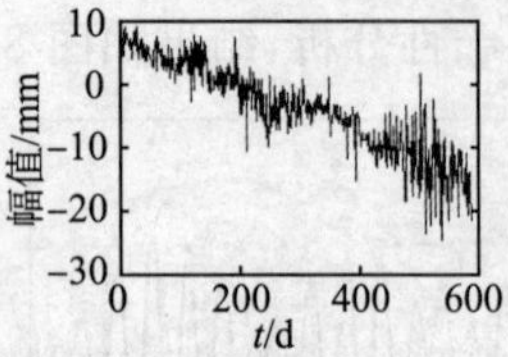	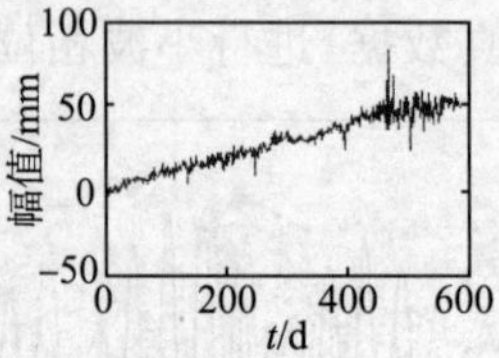	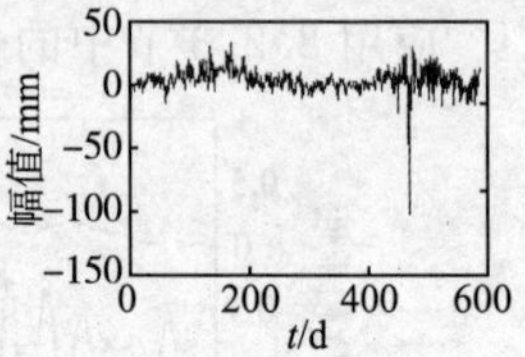
CASH	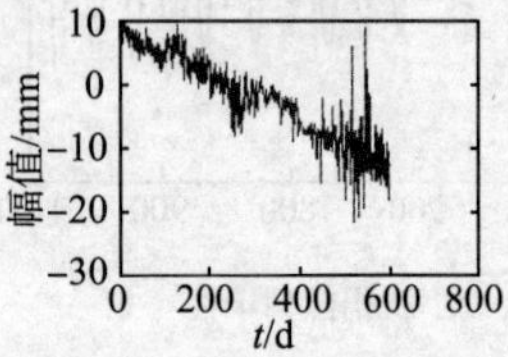	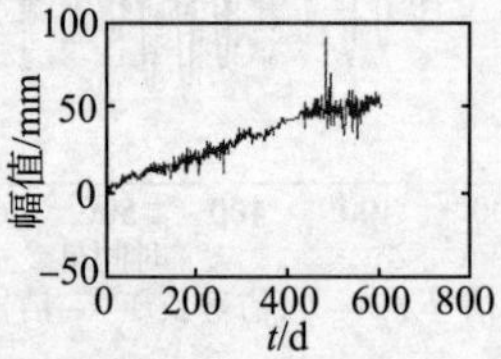	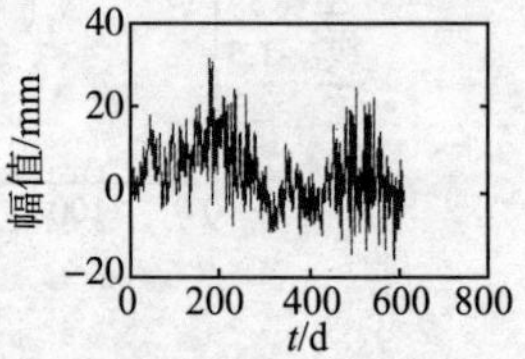
JIMO	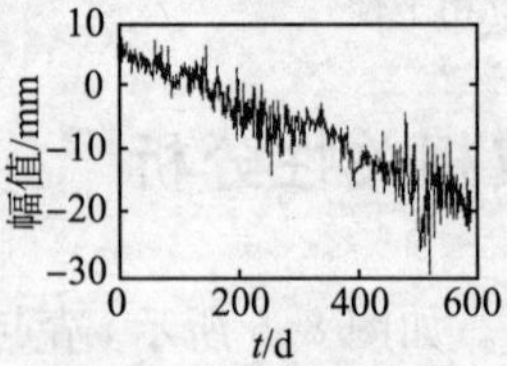	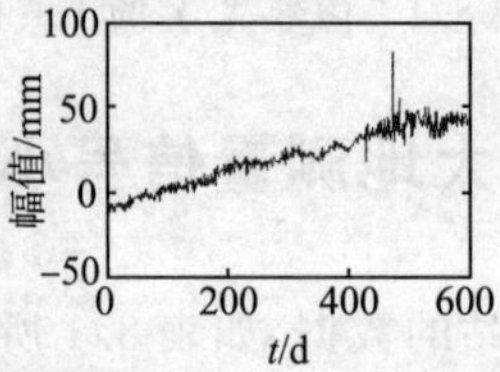	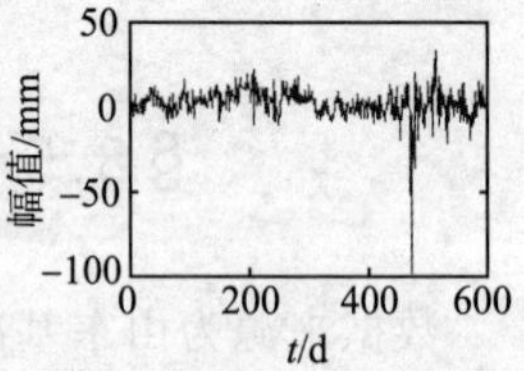
RIZH	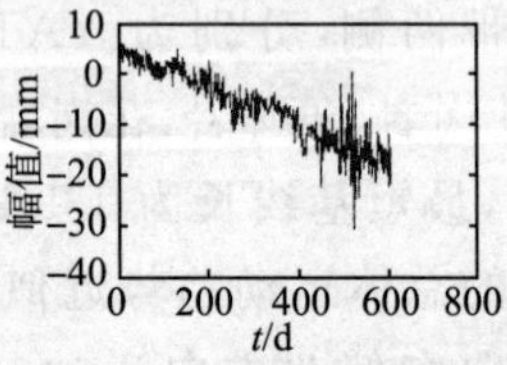	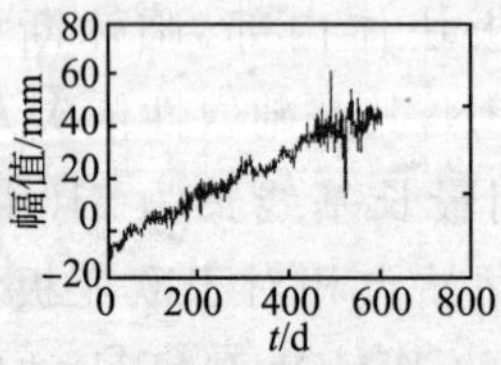	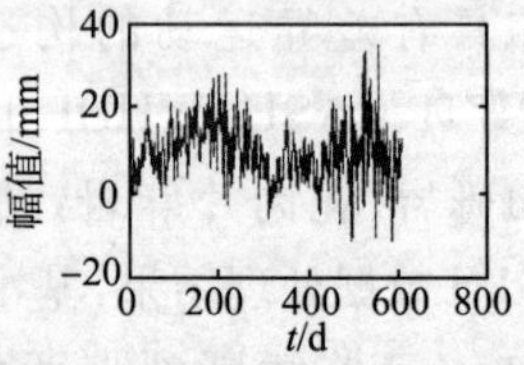

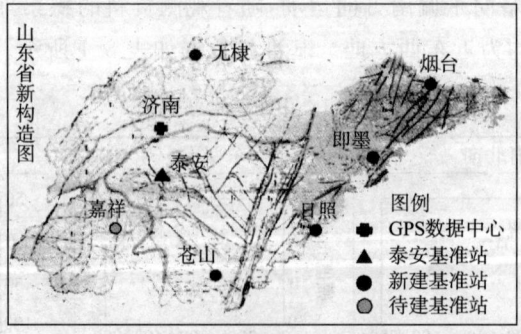

图 8.5 山东基准站分布图

8.5.1 小波相关性分析

对站间进行相关性分析,其结果如图 8.6 至图 8.20 所示。图中(a)为北方向、(b)为东方向、(c)为垂直方向。表 8.2 至表 8.4 为各方向小波相关性统计分析。

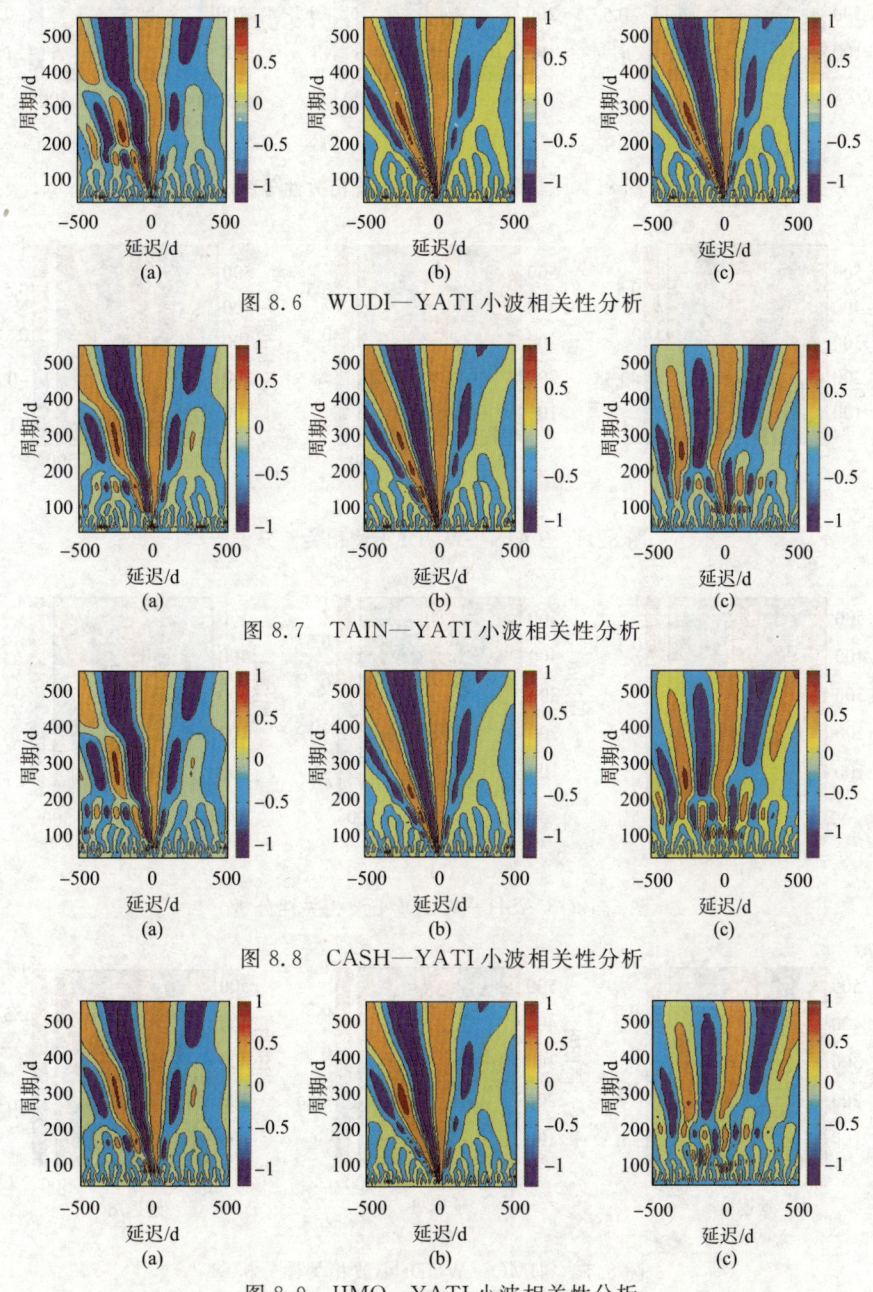

图 8.6　WUDI—YATI 小波相关性分析

图 8.7　TAIN—YATI 小波相关性分析

图 8.8　CASH—YATI 小波相关性分析

图 8.9　JIMO—YATI 小波相关性分析

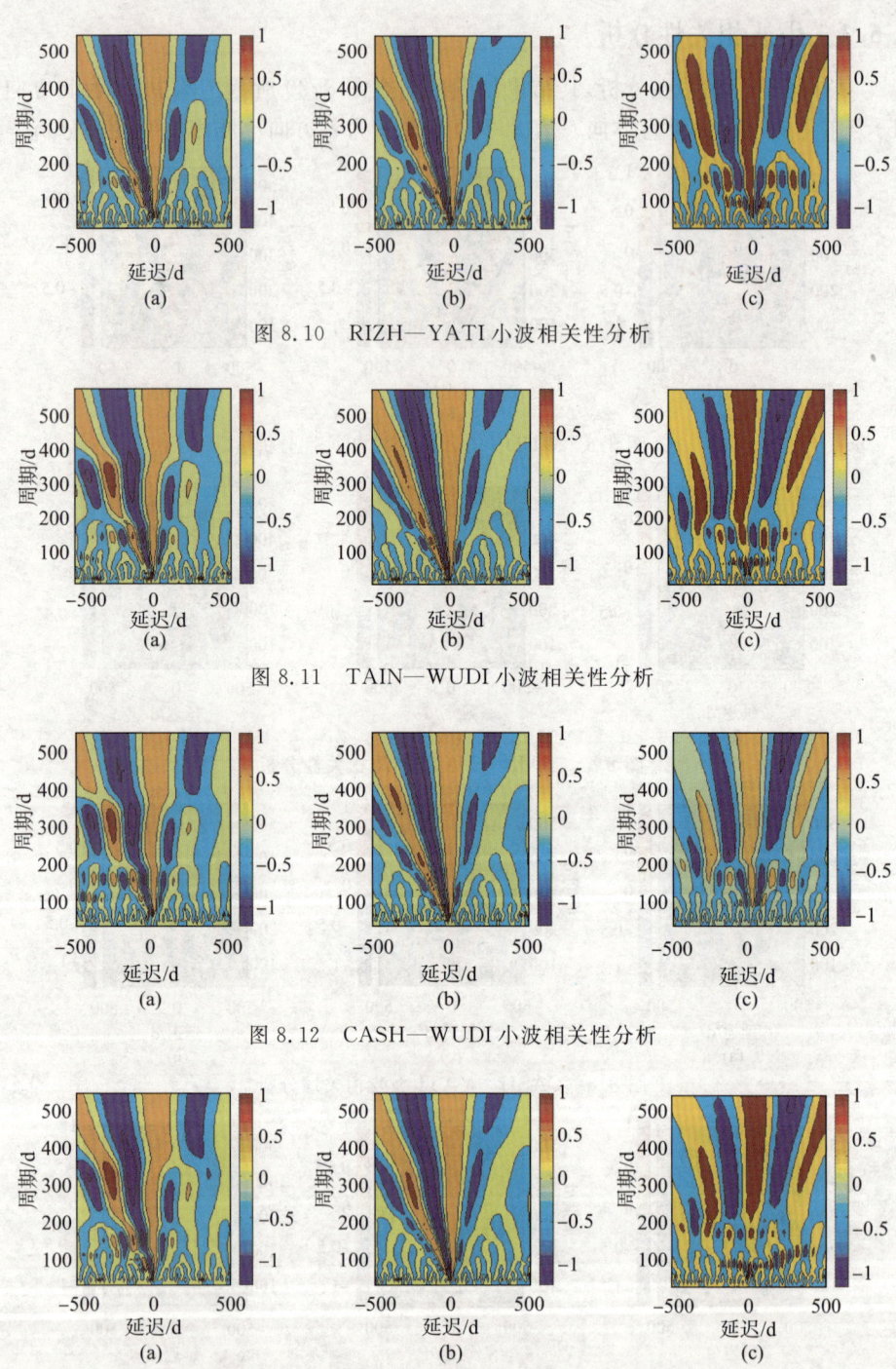

图 8.10 RIZH—YATI 小波相关性分析

图 8.11 TAIN—WUDI 小波相关性分析

图 8.12 CASH—WUDI 小波相关性分析

图 8.13 JIMO—WUDI 小波相关性分析

第 8 章　大地测量信号小波相关性分析

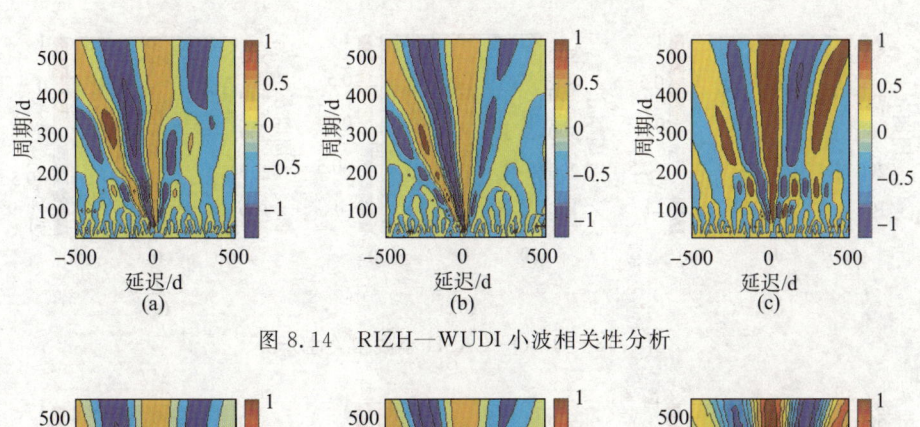

图 8.14　RIZH—WUDI 小波相关性分析

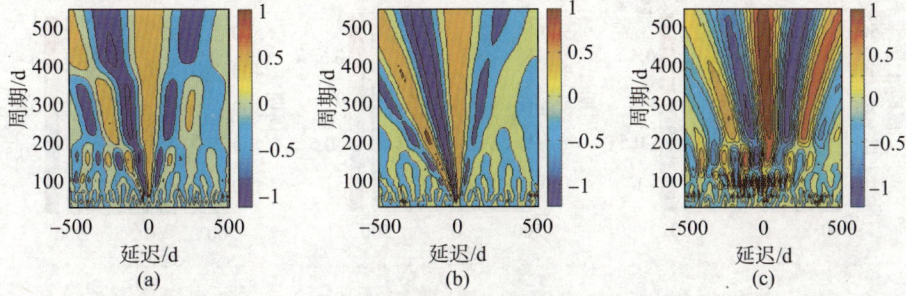

图 8.15　CASH—TAIN 小波相关性分析

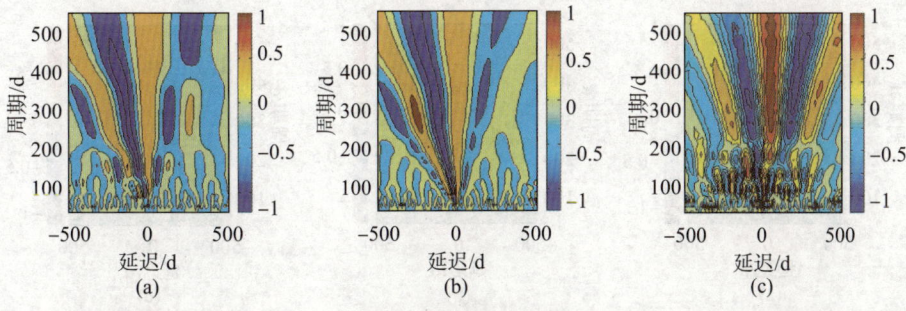

图 8.16　JIMO—TAIN 小波相关性分析

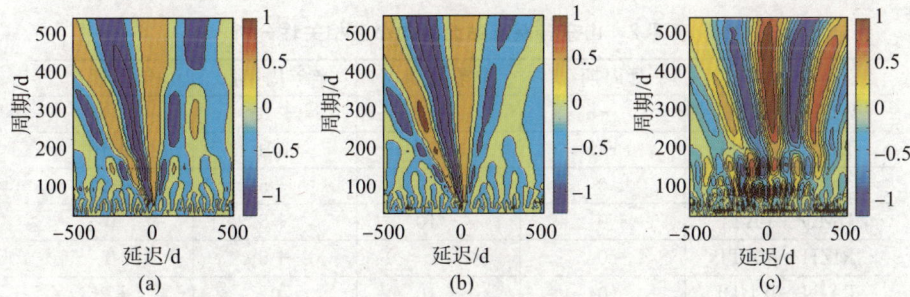

图 8.17　RIZH—TAIN 小波相关性分析

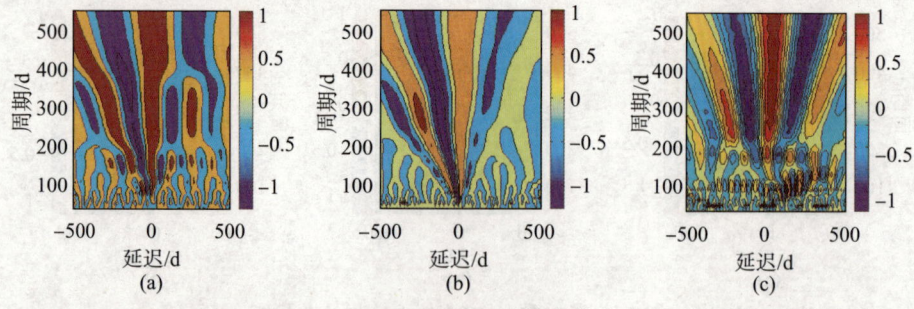

图 8.18 JIMO—CASH 小波相关性分析

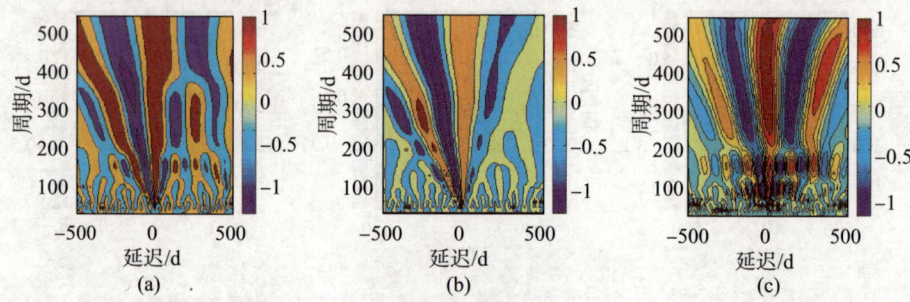

图 8.19 RIZH—CASH 小波相关性分析

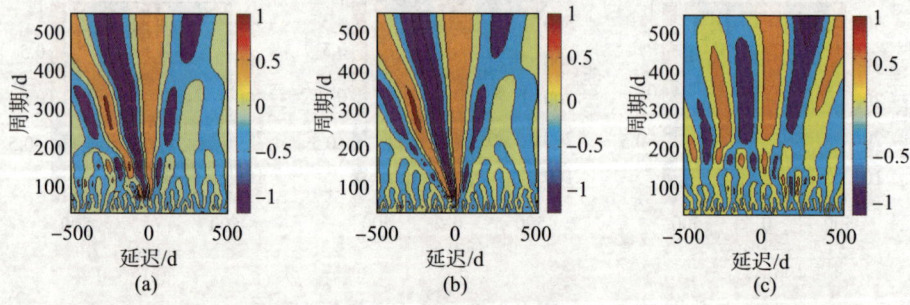

图 8.20 RIZH—JIMO 小波相关性分析

表 8.2 山东各基准站北方向小波相关性分析

基线	月周期/d	季节周期/d	半年周期/d	年周期/d
WUDI—YATI	-5	+5	+10	-15
TAIN—YATI	-5	-5	+10	+10
CASH—YATI	0	0	+5	+10
JIMO—YATI	0	+10	+5	0
RIZH—YATI	0	0	+5	0
TAIN—WUDI	0	-10	0	+25
CASH—WUDI	+5	-5	-5	+25

续表

基线	月周期/d	季节周期/d	半年周期/d	年周期/d
JIMO—WUDI	−5	+5	−5	+15
RIZH—WUDI	0	−5	−5	+15
CASH—TAIN	+5	+5	−5	0
JIMO—TAIN	−5	+15	−5	−10
RIZH—TAIN	−5	+5	−5	−10
JIMO—CASH	0	+10	0	−10
RIZH—CASH	−5	0	0	−10
RIZH—JIMO	0	+10	0	0

注：表中"−"表示向后延迟，"+"表示向前延迟。

表8.3　山东各基准站东方向小波相关性分析

基线	月周期/d	季节周期/d	半年周期/d	年周期/d
WUDI—YATI	0	+5	−5	+5
TAIN—YATI	+5	0	0	0
CASH—YATI	+5	+5	0	−5
JIMO—YATI	+5	+10	+5	+20
RIZH—YATI	0	+5	+5	+10
TAIN—WUDI	+5	−5	+5	−5
CASH—WUDI	+5	0	+5	−10
JIMO—WUDI	+5	+5	+10	+15
RIZH—WUDI	0	0	+10	+5
CASH—TAIN	+5	+5	0	−5
JIMO—TAIN	0	10	+5	+20
RIZH—TAIN	−5	+5	+5	+10
JIMO—CASH	0	+5	+5	+25
RIZH—CASH	−5	0	+5	+15
RIZH—JIMO	+5	+5	0	+10

注：表中"−"表示向后延迟，"+"表示向前延迟。

表8.4　山东各基准站垂直方向小波相关性分析

基线	月周期/d	季节周期/d	半年周期/d	年周期/d
WUDI—YATI	0	−5	−20	+15
TAIN—YATI	0	−5	−55	0
CASH—YATI	0	+5	−20	+15
JIMO—YATI	0	+5	−10	+55
RIZH—YATI	0	+5	−10	0
TAIN—WUDI	0	0	−35	−15
CASH—WUDI	0	+10	0	0

续表

基线	月周期/d	季节周期/d	半年周期/d	年周期/d
JIMO—WUDI	0	+10	+10	+40
RIZH—WUDI	0	+10	+10	−15
CASH—TAIN	0	+10	+35	+15
JIMO—TAIN	0	+10	+45	+55
RIZH—TAIN	0	+10	+45	0
JIMO—CASH	0	0	+10	+40
RIZH—CASH	0	0	+10	−15
RIZH—JIMO	0	0	0	+55

注：表中"−"表示向后延迟，"+"表示向前延迟。

由图8.6至图8.20和表8.2至表8.4可以看出：

(1)北方向月周期、季节周期、半年周期、年周期的最大相关延迟的最大值分别为5 d、10 d、10 d、25 d，月周期的最大相关向后延迟基本发生在临沭断裂带两侧的站点之间，且均为5 d；对于季节周期，其他站相对JIMO、WUDI均为向前延迟；对于半年周期，其他站相对YATI均为向后延迟，相对WUDI、TAIN均为向前延迟；对于年周期，其他站相对YATI、WUDI基本为向后延迟，相对CASH、TAIN均为向前延迟。

(2)东方向月周期、季节周期、半年周期、年周期的最大相关延迟的最大值分别为5 d、10 d、10 d、25 d，月周期的最大相关向前延迟基本发生在临沭断裂带两侧的站点之间，且均为5 d；对于季节周期，其他站相对YATI、TAIN均为向前延迟；对于半年周期，其他站相对于YATI都是向后延迟，相对于TAIN都是向前延迟；对于年周期，其他站相对于YATI、TAIN基本为向前延迟。

(3)垂直方向的月周期的相关延迟基本为0，季节周期、半年周期、年周期最大相关延迟的最大值分别为10 d、55 d、55 d；季节的最大相关向前延迟基本发生在临沭断裂带两侧的站点之间，且均为10 d；对于半年周期，其他站相对YATI均为向后延迟，其他站相对于TAIN站均为向前延迟；对于年周期，其他站相对于YATI、TAIN站基本为向前延迟。

8.5.2 小波相干性

以山东基准站为例，分析北、东、垂直三个方向的月周期、季节周期、半年周期成分的小波相干性，如图8.21至图8.35所示，其中(a)为北方向、(b)为东方向、(c)为垂直方向。小波相干时间统计如表8.5所示。

第 8 章 大地测量信号小波相关性分析

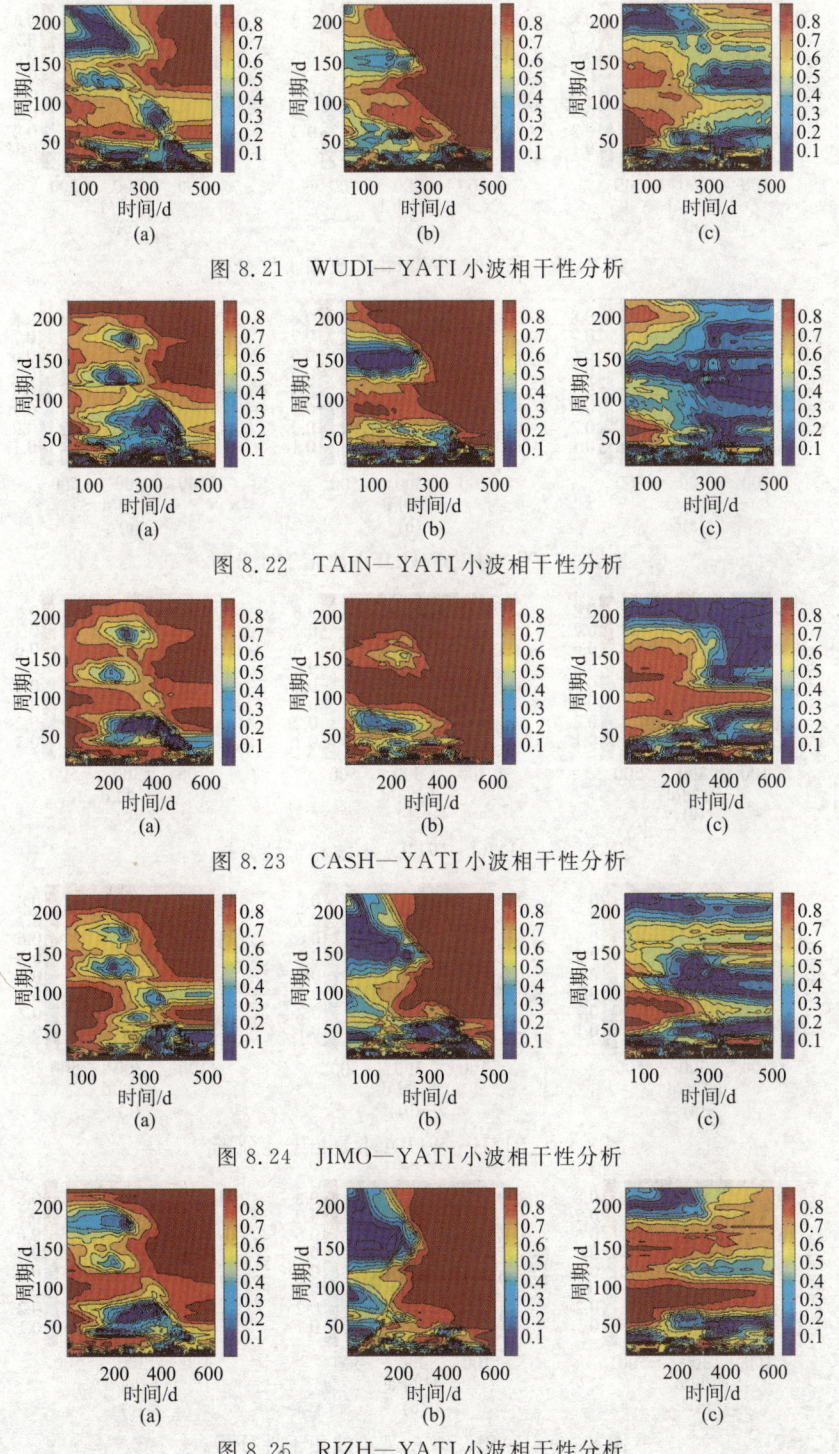

图 8.21 WUDI—YATI 小波相干性分析

图 8.22 TAIN—YATI 小波相干性分析

图 8.23 CASH—YATI 小波相干性分析

图 8.24 JIMO—YATI 小波相干性分析

图 8.25 RIZH—YATI 小波相干性分析

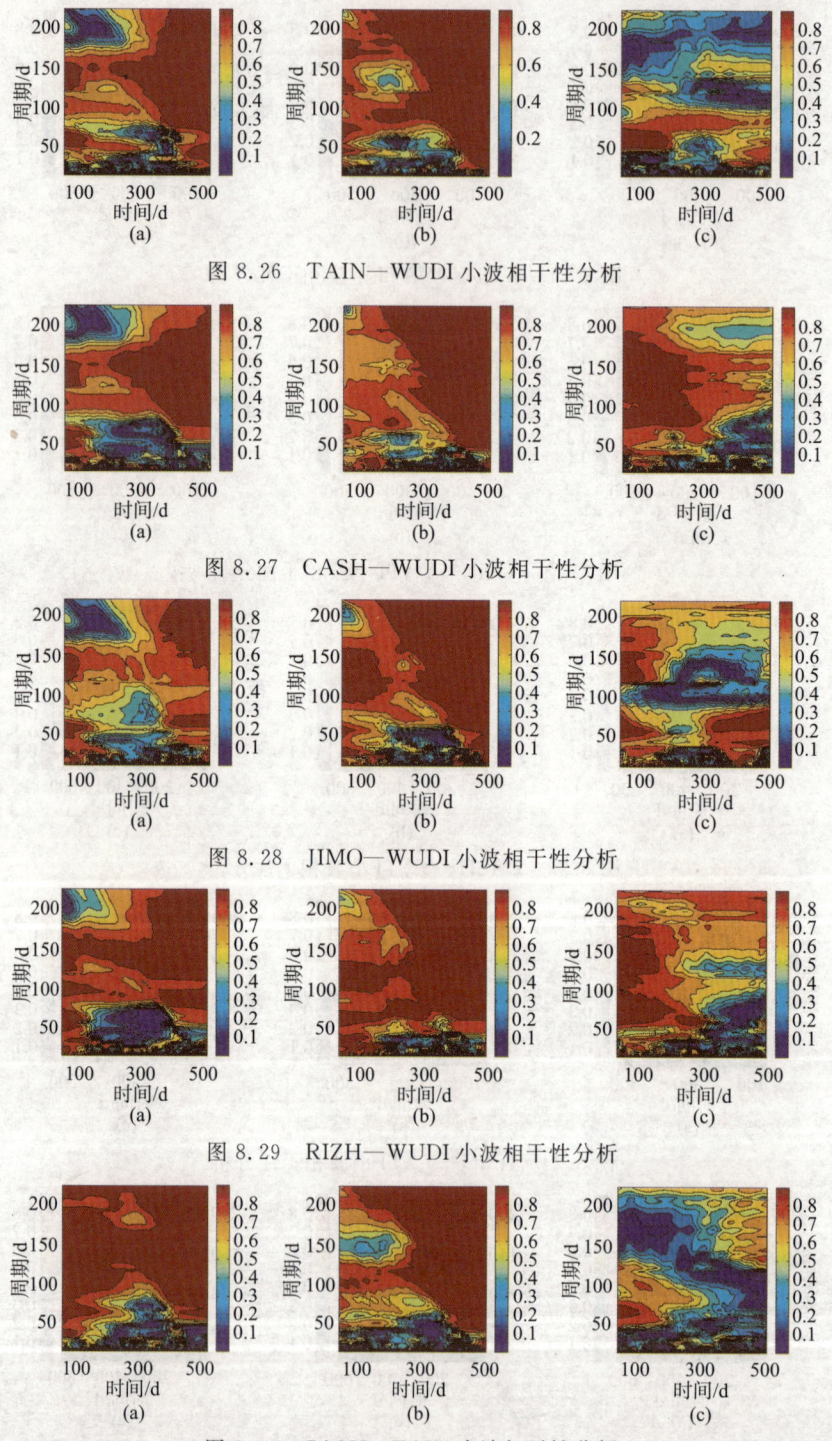

图 8.26 TAIN—WUDI 小波相干性分析

图 8.27 CASH—WUDI 小波相干性分析

图 8.28 JIMO—WUDI 小波相干性分析

图 8.29 RIZH—WUDI 小波相干性分析

图 8.30 CASH—TAIN 小波相干性分析

第 8 章 大地测量信号小波相关性分析

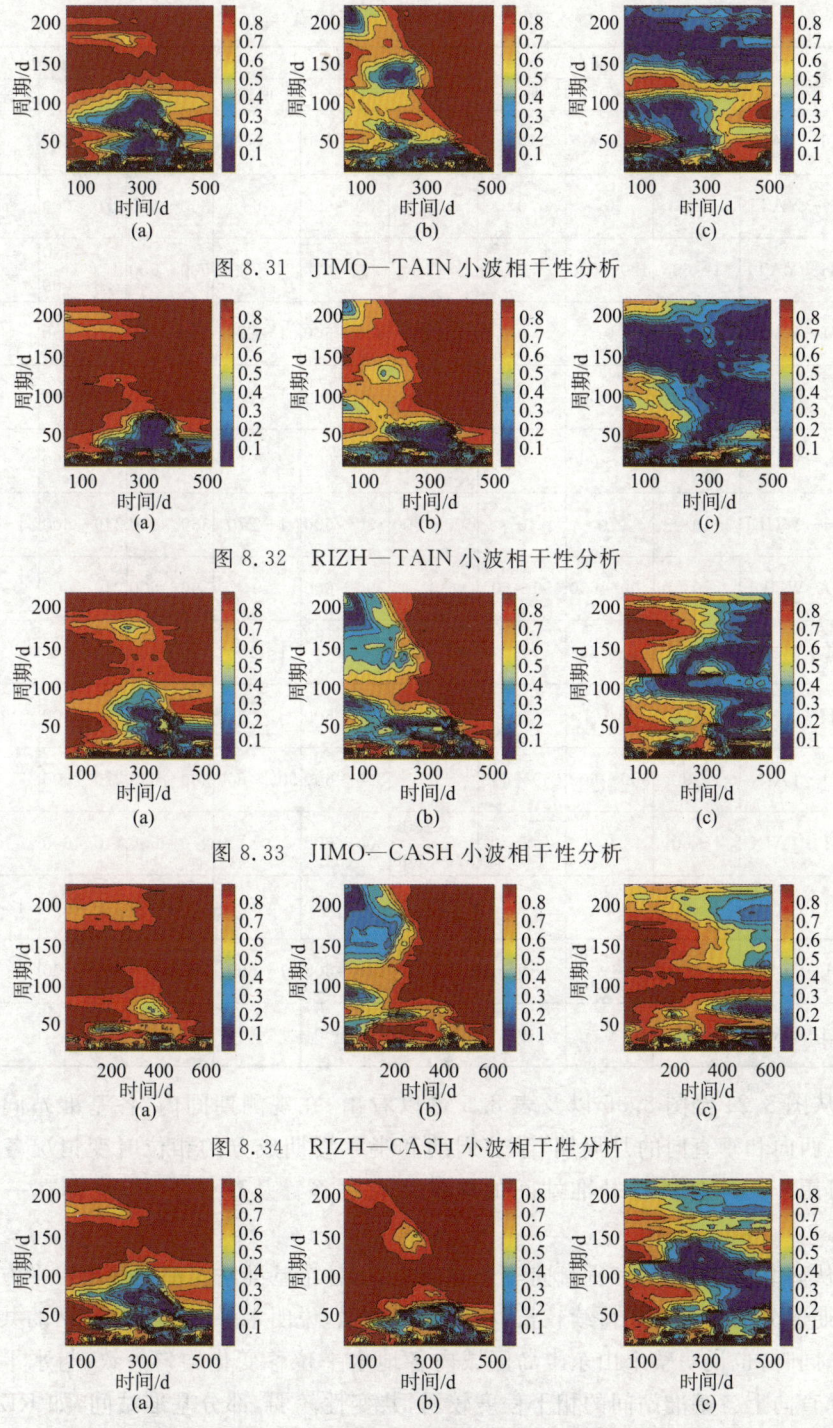

图 8.31 JIMO—TAIN 小波相干性分析

图 8.32 RIZH—TAIN 小波相干性分析

图 8.33 JIMO—CASH 小波相干性分析

图 8.34 RIZH—CASH 小波相干性分析

图 8.35 RIZH—JIMO 小波相干性分析

表 8.5 相干时间统计表

基线	月周期/d			季节周期/d			半年周期/d		
	北	东	垂直	北	东	垂直	北	东	垂直
WUDI—YATI	0	0	0	0	330～600	0	450～600	270～600	0
TAIN—YATI	0	0	0	0	300～600	0	360～600	270～600	0
CASH—YATI	1～60	420～600	0	1～100	60～600	0	500～600	1～120 270～600	0
JIMO—YATI	1～60	0	0	1～200	300～600	1～270	360～600	300～600	0
RIZH—YATI	0	500～600	0	1～100	260～600	1～600	360～600	300～360	0
TAIN—WUDI	1～600	500～600	0	390～600	120～600	0	360～600	240～600	0
CASH—WUDI	0	0	0	400～600	330～600	1～270	360～600	240～600	1～150
JIMO—WUDI	0	500～600	450～600	0	390～600	0	390～600	240～600	1～60
RIZH—WUDI	0	1～120	0	1～180	1～180 300～600	1～120	360～600	240～600	1～120
CASH—TAIN	1～60	0	0	1～240 400～600	300～600	0	1～200 360～600	270～600	0
JIMO—TAIN	1～90	500～600	480～600	0	300～600	500～600	360～600	270～600	0
RIZH—TAIN	1～60	0	0	1～240 330～600	300～600	0	270～600	240～600	0
JIMO—CASH	1～90	0	0	0	300～600	0	400～600	270～600	1～210
RIZH—CASH	1～100 500～600	100～360 500～600	0	1～300 400～600	270～600	1～600	360～600	300～600	0
RIZH—JIMO	1～60	0	0	0	1～600	0	330～600	1～180 270～600	0

从图 8.21 至图 8.35 以及表 8.5 可以看出,在观测期间内,各基准站间南北向、东西向和垂直向的月周期、季节周期和半年周期成分的相位时变情况各不相同,可用于具体分析各基准站间的线性变化关系。从整体上看,也存在一定的共性。

从南北向、东西向和垂直向三个方向上看,各个基准站间都表现出水平方向各个周期成分的相干时间持续较长,相干程度较强,说明水平向上各基准站的共变性较强,同时,也说明整个山东半岛区域内各地水平位移变化均匀一致;与水平向相比,垂直向上各基准站间的相干程度较弱,共变性较弱,部分基准站间,如 RIZH—JIMO、CASH—YATI、WUDI—YATI 等垂直向上各周期成分变化几乎独立,这与GPS垂直向上观测精度较低有关,从一定程度上,也能够说明山东半岛区域内各地垂直变化比较复杂。

从各个周期成分上看,季节周期成分和半年周期成分相干较强,月周期成分相干相对较弱,说明月周期成分影响因素复杂而且不规则。不同基准站的各周期成分在同一方向上的相干情况,也表现出一定的规律性。

(1)对月周期成分,在南北向上月周期成分相干时间大都集中在2007年前3个月内;而东西向月周期成分的相干时间集中在2008年3月至7月;在垂直向上只有JIMO—TAIN,JIMO—WUDI的月周期成分2008年3月至7月相干。

(2)对季节周期成分,在南北向上季节周期成分相干时间分布规律性不强;而东西向季节周期成分的相关时间集中在2007年11月至2008年7月;在垂直向上RIZH—YATI,RIZH—CASH在整个观测期间内季节周期成分都是相干的,即其季节周期成分共同变化,说明影响其季节周期成分变化的因素基本相同。

(3)对半年周期成分,在南北向上半年周期成分相干时间集中在2008年以后;东西向的半年周期成分相干时间集中在2007年10月以后;垂直向半年周期成分相干程度较弱,相干时间较短,即使相干,也都在2007年的前半年内。

8.5.3 小波相位相干性

以山东基准站为例,分析北、东、垂直三个方向的月周期、季节周期、半年周期成分的小波相位相干性,如图8.36至图8.50所示。其中(a)为北方向、(b)为东方向、(c)为垂直方向。小波相位相干统计如表8.6所示。

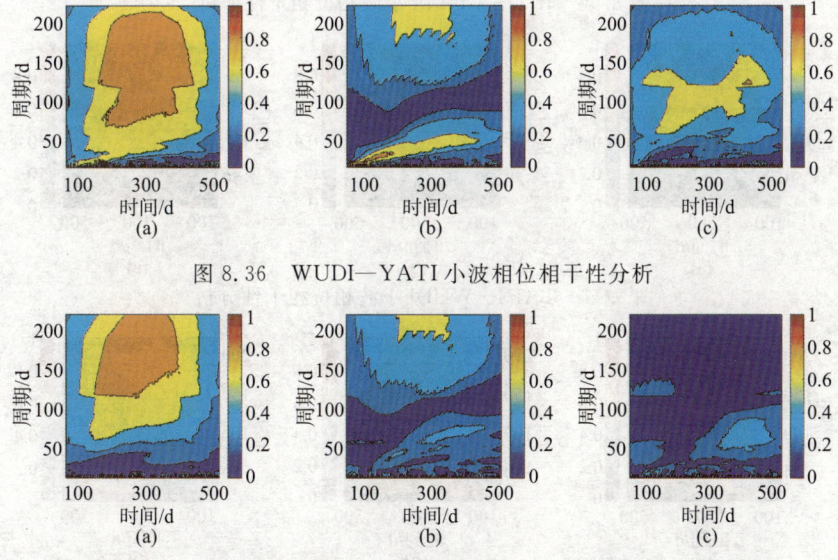

图8.36 WUDI—YATI小波相位相干性分析

图8.37 TAIN—YATI小波相位相干性分析

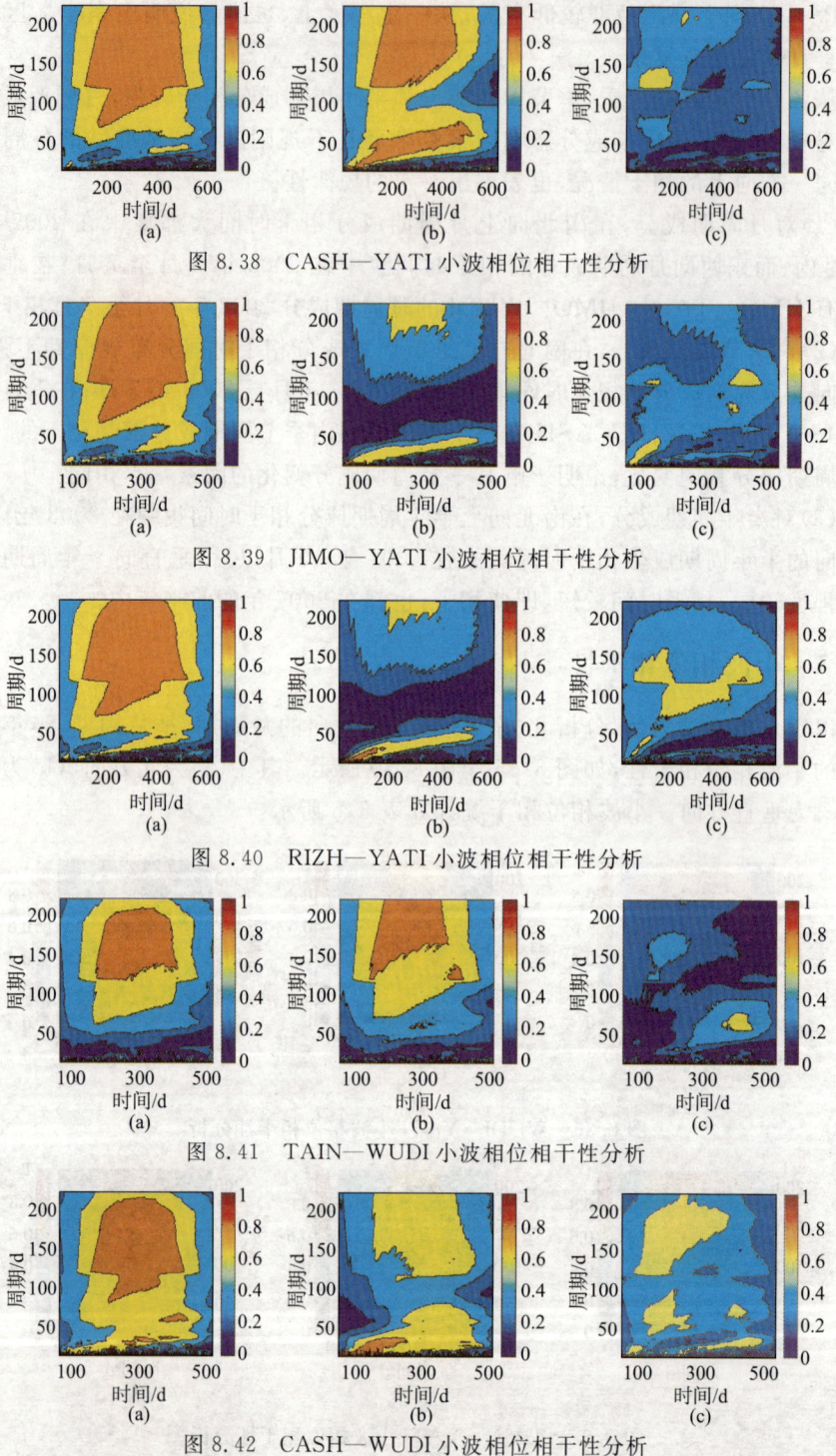

图 8.38 CASH—YATI 小波相位相干性分析

图 8.39 JIMO—YATI 小波相位相干性分析

图 8.40 RIZH—YATI 小波相位相干性分析

图 8.41 TAIN—WUDI 小波相位相干性分析

图 8.42 CASH—WUDI 小波相位相干性分析

第 8 章 大地测量信号小波相关性分析

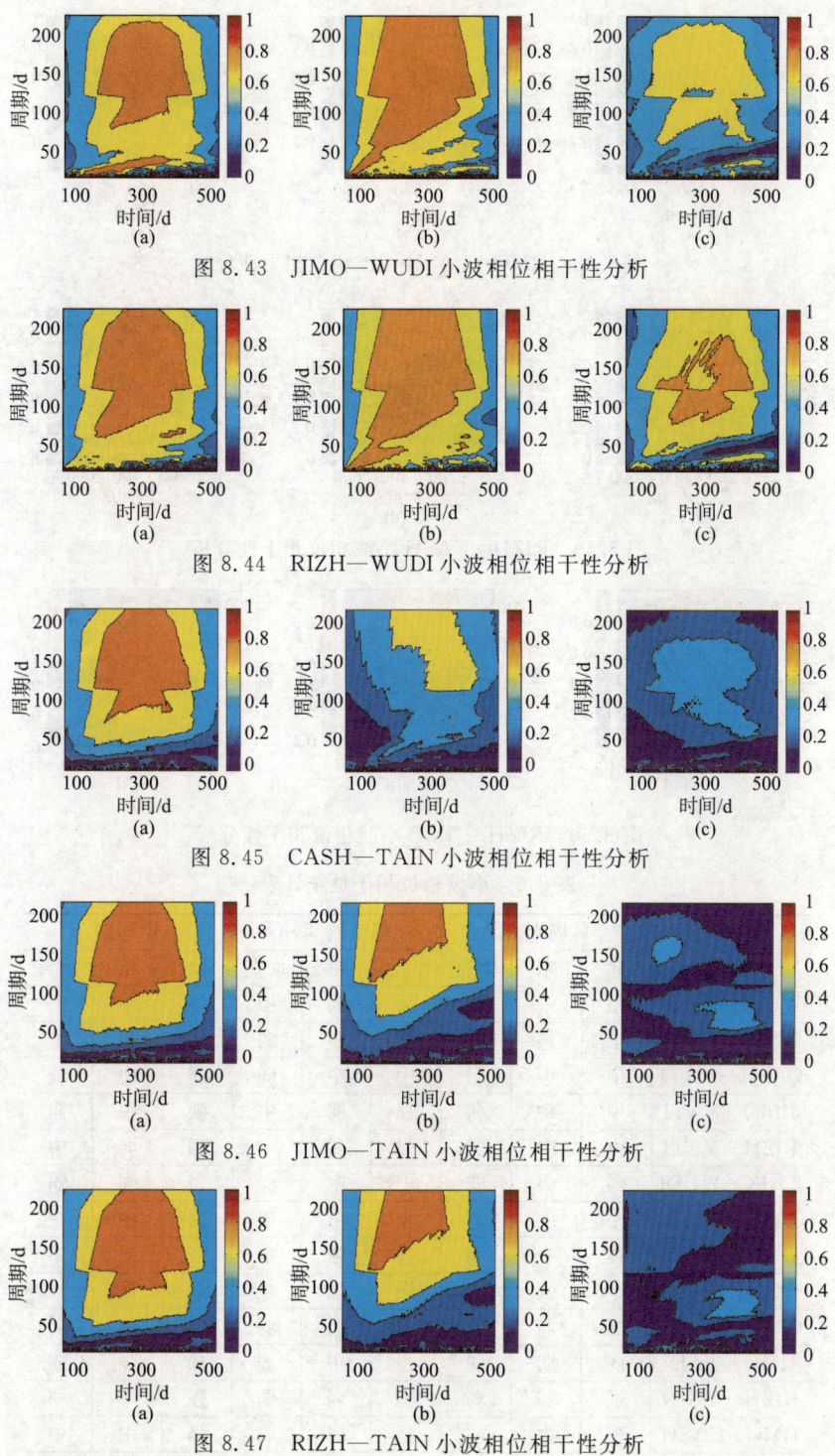

图 8.43 JIMO—WUDI 小波相位相干性分析

图 8.44 RIZH—WUDI 小波相位相干性分析

图 8.45 CASH—TAIN 小波相位相干性分析

图 8.46 JIMO—TAIN 小波相位相干性分析

图 8.47 RIZH—TAIN 小波相位相干性分析

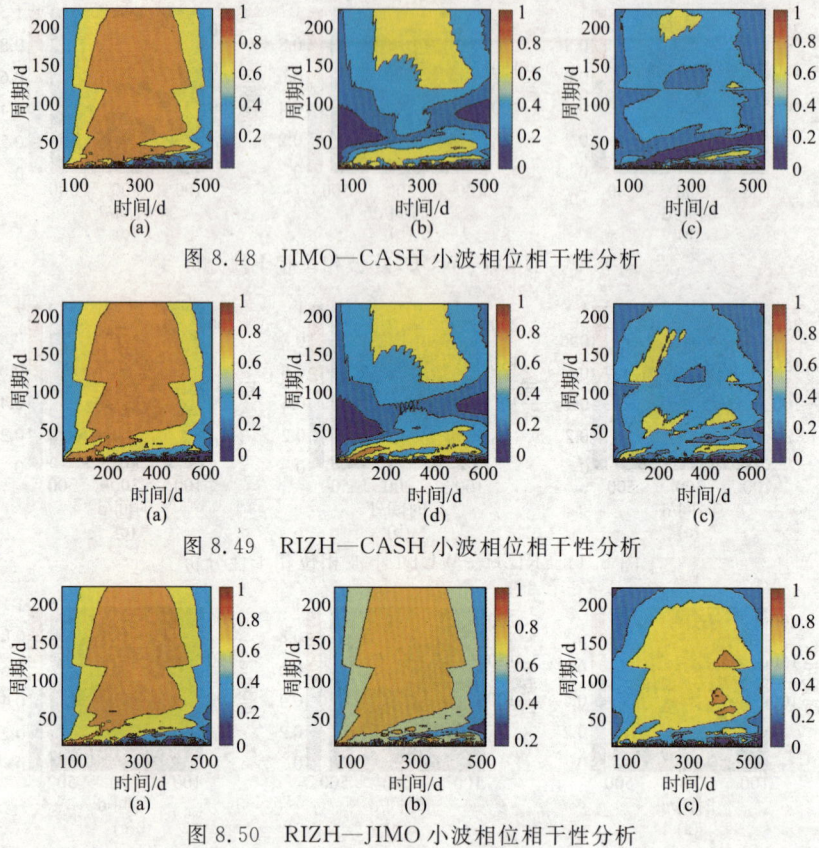

图 8.48　JIMO—CASH 小波相位相干性分析

图 8.49　RIZH—CASH 小波相位相干性分析

图 8.50　RIZH—JIMO 小波相位相干性分析

表 8.6　小波相位相干性统计表

基线	月周期/d			季节周期/d			半年周期/d		
	北	东	垂直	北	东	垂直	北	东	垂直
WUDI—YATI	中	中	弱	强	弱	中	强	中	中
TAIN—YATI	中	强	弱	强	中	弱	中	强	中
CASH—YATI	中	中	中	中	中	弱	中	中	弱
JIMO—YATI	中	中	弱	强	弱	中	强	中	弱
RIZH—YATI	中	中	中	强	中	中	强	中	中
TAIN—WUDI	弱	弱	中	中	中	弱	中	强	弱
CASH—WUDI	中	中	中	强	中	中	中	强	中
JIMO—WUDI	强	中	中	强	中	中	中	强	中
RIZH—WUDI	中	强	中	强	强	强	强	强	强
CASH—TAIN	弱	弱	中	中	中	弱	中	中	弱
JIMO—TAIN	弱	弱	中	中	中	中	中	中	中
RIZH—TAIN	强	弱	中	中	弱	弱	中	中	弱
JIMO—CASH	强	中	中	强	弱	弱	中	中	中

续表

基线	月周期/d			季节周期/d			半年周期/d		
	北	东	垂直	北	东	垂直	北	东	垂直
RIZH—CASH	强	中	弱	强	弱	中	强	强	中
RIZH—JIMO	强	强	中	强	强	中	强	强	中

注:强:(1,0.8);中:(0.8,0.4);弱:(0.4,0.0)。

从图 8.36 至图 8.50 以及表 8.6 可以看出,在观测期间内,各基准站间南北向、东西向和垂直向的月周期、季节周期和半年周期信号的相位相干情况各不相同,从整体上看,也存在一定的共性。

(1)从各个周期成分上看,半年周期成分相位相干程度最强,季节周期成分次之,月周期成分相对较弱,其中垂直向上月周期成分都属于相位弱相关,说明月周期成分影响因素复杂而且不规则。

(2)各个基准站在水平向上各周期成分相位相干性较强,说明整个山东半岛区域内各地水平位移变化均匀一致,尤其是南北向上半年周期成分相位相干都较强,且多集中在冬季和春季。

(3)垂直方向的各周期的小波相位相关性均较弱,这与 GPS 垂直向上观测精度较低有关,从一定程度上,也能够说明山东半岛区域内各地垂直变化比较复杂。

§8.6 本章小结

本章针对两列非平稳大地测量信号,在分析其经典相关性的基础上,研究了小波相关性,在时频两域内分析两列信号的相似程度;在分析相干函数的基础上,研究了小波相干性,分析两列信号在不同频率、不同时间分辨率下的线性相关程度;在分析相位相干性的基础上,研究了小波相位相干性,比较两列信号间的相位变化关系。研究和试验分析表明:经典的相干性只在频域内分析两列信号的线性相关性,而小波互相关和小波相干性,在互相关中引入参数 a,在相干性中引入参数 δ,从而在一定程度上实现了在时频两域内分析两列信号互相关和相干性;小波相关性和小波相干性将相关性和相干性从平稳时序分析扩展到非平稳时序分析;小波相关性能够分析信号在不同频率、不同延迟(相差)时的相似程度,能够反映出信号互相关最大时,在该频率处两个信号的延迟(相差)等信息,为探测两列大地测量信号的相似程度提供更丰富的信息,对分析两列信号的某一频率成分的相似程度有着重要的作用,实现了在时频两域内同时分析两个信号的相关性;小波相干性能够分析两列非平稳大地测量信号在不同频率、不同时间分辨率下的线性相关程度;对于给定频率的信号,相干性不能区分两个信号的组成成分、幅值和相位,而小波相位相干性能够严格比较两个信号间的相位变化。小波相关性、小波相干性、小波相位相干性为分析两列大地测量信号之间的相互关系提供了细致而有效的工具。

参考文献

[1] 柴根象,徐克军.1999.半参数回归的线性小波光滑[J].应用概率统计,15(1):97-105.
[2] 陈敬雨,钱伟民.1999.半参数回归模型小波估计的弱相合速度[J].同济大学学报:自然科学版,27(6):708-712.
[3] 成礼智,王红霞,罗永.2004.小波的理论与应用[M].北京:科学出版社.
[4] 崔锦泰.1995.小波分析导论[M].西安:西安交通大学出版社.
[5] 段晨东,姜洪开,何正嘉.2004.一种基于信号相关性检测的自适应小波变换及应用[J].西安交通大学学报,38(7):674-770.
[6] 樊计昌,李松林,刘明军.2006.利用小波包变换提取地震波高频信息[J].石油地球物理勘探,41(2):144-149.
[7] 符养.2002.中国大陆现今地壳形变与GPS坐标时间序列分析[D].上海:中科院上海天文台.
[8] 葛永,陈建安.2004.基于改进小波包算法的水声信号消噪与重构研究[J].声学与电子工程,(2):5-9.
[9] 郭际明.2001.GPS与GLONASS组合测量及变形监测数据处理研究[D].武汉:武汉大学.
[10] 何正友,刘志刚,钱清泉.2001.一种M带小波的构造方法及其应用[J].西南交通大学学报,36(3):276-280.
[11] 黄丁发,陈永奇,丁晓利,等.2001.GPS高层建筑物常荷载振动测试的小波分析[J].振动与冲击,(1):12-15.
[12] 黄丁发,卓健成.1997.GPS相位观测值周跳检测的小波分析法[J].测绘学报,26(4):352-357.
[13] 黄全义.2001.大坝变形预报神经网络专家系统方法研究[D].武汉:武汉大学.
[14] 黄声享,刘经南,柳响林.2003.小波分析在高层建筑动态监测中的应用[J].测绘学报,32(2):153-157.
[15] 黄声享,刘经南.2002.GPS变形监测系统中消除噪声的一种有效方法[J].测绘学报,31(2):104-107.
[16] 黄声享.2001.变形数据分析方法研究及其在精密工程GPS自动监测系统中的应用[D].武汉:武汉大学.
[17] 纪跃波.2005.小波包的频率顺序[J].振动与冲击,(3):96-110.
[18] 荆晓远,杨静宇.2000.基于相关性和有效互补性分析的多分类器组合方法[J].自动化学报,26(6):741-747.
[19] 李建平.2004.小波分析信息传输基础[M].北京:国防工业出版社.
[20] 李杰,殷海涛,等.2007.山东地壳运动GPS观测网的建设与初步结果分析[J].大地测量与地球动力学,27(增刊):9-13.
[21] 李强.1999.大震过程中地壳变形的混沌和多重分形特征及其预报意义[J].地球物理学进展,14(1):84-92.

[22] 李水根,吴纪桃.2002.分形与小波[M].北京:科学出版社.
[23] 李延兴.1996.首都圈 GPS 地形变监测网的布设与观测[J].地壳形变与地震,16(20):90-93.
[24] 李征航,黄劲松.2005.GPS 测量与数据处理[M].武汉:武汉大学出版社.
[25] 刘根友.2004.高精度 GPS 定位及地壳形变分析的若干问题的研究[D].武汉:中科院测量与地球物理研究所.
[26] 刘元金,柴根象.1999.半参数模型误差分布小波估计的渐近理论[J].同济大学学报:自然科学版,27(4):463-467.
[27] 柳林涛.1999.小波基本理论及其在大地测量等领域中的应用[D].北京:中国科学院.
[28] 栾元重,班训海.2000.矿区 GPS 变形监测网的建立与变形值计算方法[J].矿山测量,(2):33-34.
[29] 宁津生,汪海洪,罗志才.2004.小波分析在大地测量中的应用及进展[J].武汉大学学报:自然科学版,29(8):659-663.
[30] 欧阳森,宋政湘,王建华,等.2003.基于信号相关性和小波方法的电能质量去噪算法[J].电工技术学报,18(3):111-116.
[31] 潘雄,孙海燕.2004.半参数模型误差为 NA 序列时的阶矩相合性[J].武汉工业学院学报,23(4):104-111.
[32] 潘雄.2006.随机删失半参数回归模型小波估计的渐近性质[J].应用数学学报,29(1):68-80.
[33] 潘雄.2003.半参数模型的估计理论及其应用[D].武汉:武汉大学.
[34] 钱伟民,柴根象,蒋凤英.2000.半参数回归模型误差方差的小波估计[J].数学年刊,21A(3):341-350.
[35] 邱建丁,邹小勇,梁汝萍,等.2002.复合信号的小波分形特征[J].科学通报,47(23):1787-1792.
[36] 任哲,陈明华.2000.NA 样本半参数回归模型估计的强相合性[J].高校应用数学学报:A辑,15(4):467-474.
[37] 施云驰,柴根象.2001.半参数回归模型局部多项式估计的渐近性质[J].同济大学学报:自然科学版,29(3):330-333.
[38] 舒传华.2004.多带小波理论及其构造[D].长沙:国防科学技术大学.
[39] 孙才新,李新,杨永明.1999.从白噪声中提取局部放电信号的小波变换方法研究[J].电工技术学报,14(3):47-50.
[40] 唐向宏,龚宇,龚耀寰.1996.用余弦调制 PR-FIR 方法构造 M 带正交小波基[J].电子科技大学学报,25(5):476-482.
[41] 唐晓初.2006.小波分析及其应用[M].重庆:重庆大学出版社.
[42] 王军.2004.城市 GPS 地面变形监测网的精度研究[J].测绘通报,(7):6-8.
[43] 文鸿雁.2004.基于小波理论的变形分析模型研究[D].武汉:武汉大学.
[44] 伍法权,王尚庆.1996.卡尔曼滤波方法在链子崖危岩体变形实时预报中的应用[J].中国地质灾害与防治学报,7(增刊):56-60.

[45] 夏林元.2001.GPS观测值中的多路径效应理论研究及其数值结果[D].武汉：武汉大学.
[46] 谢平,刘彬,王雷,等.2005.多重分形熵及其在非平稳信号分析中的应用研究[J].仪器仪表学报,26(8)：610-612.
[47] 徐初斌,钱伟民.2000.不等方差情形下非参数回归模型小波估计[J].同济大学学报：自然科学版,28(5)：616-620.
[48] 薛蕙,杨仁刚,郭永芳.2003.小波包变换(WPT)频带划分特性的分析[J].电力系统及其自动化学报,15(2)：5-8.
[49] 薛留根.2003.半参数回归模型小波估计的随机加权逼近速度[J].应用数学学报,26(1)：11-25.
[50] 薛永安.2006.GPS变形监测数据处理方法研究与软件研制[D].山西：太原理工大学.
[51] 杨建国.2005.小波分析及其工程应用[M].北京：机械工业出版社.
[52] 杨晓艺,汪远征,文成林.2000.信号序列经小波变换后的相关性分析[J].河南大学学报：自然科学版,30(4)：30-34.
[53] 增法力.2005.小波包分析在齿轮故障诊断中的应用[D].武汉：武汉科技大学.
[54] 张正禄.2001.工程的变形分析与预报方法研究进展[J].测绘信息工程,27(5)：37-39.
[55] 张子敬,焦李成.2001.M带余弦调制正交小波的设计[J].电子学报,29(8)：1090-1093.
[56] 赵玉宝.2005.小波变换在地震信号去噪中的应用[D].湖南：中南大学.
[57] 郑建国,石智,权豫西.2007.非平稳信号的小波包阈值去噪方法[J].信息技术,3：16-19.
[58] 郑军.2005.小波理论在系统建模与控制中的若干应用研究[D].杭州：浙江大学.
[59] 郑兆苾,张军.1994.小镇空间分布奇异性谱 $f(\alpha)$ [J].中国地震,10(4)：371-377.
[60] 郑作亚,黄珹,卢秀山,等.2003.采矿区地层移动GPS动态检测数据的小波分析[J].大地测量与地球动力学,23(3)：107-111.
[61] 郑作亚.2005.GPS数据预处理和星载GPS运动学定轨研究及其软件实现[D].北京：中国科学院.
[62] 周宏,任震,黄雯莹,等.2000.小波变换在电力设备故障诊断中的应用研究[J].中国电机工程学报,(10)：46-54.
[63] ANANGA N, SAKURAI S, KAWASHIMA I, et al. 1997. Cut slop deformation determination with GPS[J]. Survey Review, 34(265)：144-150.
[64] ANTONIADS A, GREOGOIRE G, MCKEAGUE I W. 1994. Wavelet methods for curve estimation[J]. J. A. S. A. , 89：1340-1353.
[65] ASIM B, HUSEYIN O. 2002. M-band multi-wavelets from spline super functions with approximation order[J]. IEEE ICASSP Proceedings,4：IV-4172.
[66] BAUSSARDA A, NICOLIERB F, TRUCHETETC F. 2004. Rational multiresolution analysis and fast wavelet transform：application to wavelet shrinkage denoising[J]. Signal Processing, 84：1735-1747.
[67] BLANCO S, FIGLIOLA A, QUIROGA R Q, et al. 1998. Time-frequency analysis of electroencephalogram series. III. wavelet packets and information cost function[J]. Physical Review E, 57(1)：932-940.

[68] BLU T. 1993. Iterated filter banks with rational rate changes-connections with discrete wavelet transform[J]. IEEE Transactions on Signal Processing, (41): 3232-3244.

[69] BLU T. 1998. A new design algorithm for two-band orthonormal rational filter banks and orthonormal rational wavelets[J]. IEEE Transactions on Signal Processing, 46(6): 1494-1504.

[70] BRUCE A G, GAO Hongye. 1996. Understanding waveshrink: variance and bias estimation [J]. Biometrika, 83(4): 727-745.

[71] BRUNET Y, COLLINEAU S. 1995. Wavelet analysis of diurnal and nocturnal turbulence above a maize crop [C]// Foufoula-Georgiou E, Kumar P. Wavelets in Geophysics. New York: Academic Press: 129-150.

[72] BULLOCK T, MCCLUNE M, ACHIMOWICZ J, et al. 1995. EEG coherence has structure in the millimeter domain: subdural and hippocampal recordings from epileptic patients[J]. Electroencephalogr Clin Neurophysiol, 95: 161-177.

[73] CHALLIS R E, KITNEY R I. 1991. The frequency transforms and their inter-relationships: biomedical signal processing. Part 2[J]. Med Biol Eng Comput, 29(1): 1-17.

[74] COIFMAN R R, WICKERHAUSER M V. 1992. Entropy-based algorithms for best basis selection[J]. IEEE Transaction Information Theory, 38(2): 713-718.

[75] DAUBECHIES I. 1990. The wavelet transform, time-frequency localization and signal analysis [J]. IEEE Transaction on Information Theory, 36(3): 961-1005.

[76] DAUBECHIES I. 1992. Ten lectures on wavelets [M]. Philadelphia, PA: SIAM.

[77] DOBIE R, WILSON M. 1994. Objective detection of 40 Hz auditory evoked potentials: phase-coherence vs. magnitude-squared coherence [J]. Electroencephalogr Clin Neurophysiol, 92: 405-413.

[78] DONOHO D L. 1995. De-noising by soft-thresholding[J]. IEEE Transaction on Information Theory, 613-627.

[79] DONOHO D L, JOHNSTONE I M. 1994. Ideal spatial adaptation by wavelet shrinkage [J]. Biometrika, 81(3): 425-455.

[80] DONOHO D L, JOHNSTONE I M. 1998. Minimax estimation via wavelet shrinkage [J]. Ann Statist, 26: 879-921.

[81] DONOHO D L, JOHNSTONE I M, KERKYACHARIAN G, et al. 1995. Wavelet shrinkage: asymptopia [J]. J Roy Statist Soc. Ser B, 53: 301-369.

[82] DONOHO D L, JOHNSTONE I M, KERKYACHARIAN G, et al. 1996. Ensity estimation by wavelet thresholding [J]. Ann Statist, 24: 508-539.

[83] DUAN J, OWEISB I S. 2005. Dyadic wavelet analysis of PDA signals[J]. Soil Dynamics and Earthquake Engineering, 25: 661-677.

[84] GABOR D. 1946. Theory of communication[M]. J. Inst. Wlect. Wngng, 93: 429-457

[85] GARDNER W A. 1992. A unifying view of coherence in signal processing [J]. Signal Processing, 29: 113-140.

[86] GOLDSTEIN S. 1970. Phase coherence of the alpha rhythm during photic blocking[J]. Electroencephalogr Clin Neurophysiol, 29: 127-136.

[87] GRAY C, ENGEL K, KONIG P, et al. 1992. Synchronization of oscil-latory neuronal responses in cat striate cortex: temporal properties[J]. Vis Neurosci, 8: 337-347.

[88] HALL P, PATIL P. 1995. Formulae for mean integated squared error of non-linear wavelet-based density estimation[J]. Ann Statist, 23: 905-928.

[89] HALL P, PATIL P. 1996a. On the choice of smoothing parameter, threshold and truncation in nonparametric regression by nonlinear wavelet methods [J]. J Roy Statist Soc, Ser B, 58: 361-377.

[90] HALL P, PATIL P. 1996b. Effect of threshold rules on performance of wavelet-based curve estimators [J]. Statistic Sinica, 6: 331-345.

[91] HARDLE W, KERKYACHARIAN G, PCARD D, et al. 1998. Wavelets, approximation and statistical application[M]. New York: Springer-Verlag.

[92] HEIL C E, WALNUT D F. 1989. Continuous and discrete wavelet transforms[J]. SIAM Review, 31(4): 628-666.

[93] JOHNSTONE I M. 1999. Wavelet threshold estimators for correlated data and inverse problems: adaptivity results [J]. Statistica Sinica, 9: 51-83.

[94] JOHNSTONE I M, SILVERMAN B W. 1992. Wavelet threshold estimators for data with correlation noise[J]. Technical report, Stanford University: 319-351.

[95] JOHNSTONE I M, SILVERMAN B W. 1997. Wavelet threshold estimators for data with correlated noise [J]. J Roy Statist Soc, Ser B, 59: 319-351.

[96] KHALED A, Yousef A. 2005. Features extraction and analysis for classifying causable patterns in control charts[J]. Computer & Industrial Engineering, (49): 168-181.

[97] KOVACEVIC J, VETTERLI M. 1993. Perfect reconstruction filter banks with rational sampling factors[J]. IEEE Transaction on Signal Processing, 41(6): 2047-2066.

[98] LACHAUX J P, LUTZ A, RUDRAUF D, et al. 2002. Estimating the time-course of coherence between single-trial brain signals: an introduction to wavelet coherence[J]. Neurophysiol Clin, 32: 157-174.

[99] LACHAUX J P, RODRIGUEZ E, MARTINERIE J, et al. 1999. Measuring phase synchrony in brain signals[J]. Hum Brain Mapp, 8: 194-208.

[100] LI Li, PENG Yuhua, YANG Mingqiang, et al. 2007. A new de-noising method based on 3-band wavelet and nonparametric and adaptive estimation [J]. Journal of Electronics, 24(3): 358-361.

[101] LI Hui, NOZAKI T. 1997. Application of wavelet cross-correlation analysis to a plane turbulent jet[J]. JSME International Journal, Series B, 40 (1): 58-66.

[102] LIU Lintao, HSU H T, Grafarend E W. 2005. Wavelet coherence analysis of length-of-day variation and El nino-southern oscillation[J]. Journal of Geodynamics, (39): 267-275.

[103] MILLIGEN B, SANCHEZ E, ESTRADA T, et al. 1995. Wavelet bicoherence: a new

turbulence analysis tool[J]. Phys Plasmas, 2(8): 3017-3032.

[104] MIZUNO-MATSUMOTO Y, YOSHIMINE T, NII Y, et al. 2001. Landau-kleffner syndrome: localization of epileptogenic lesion using wavelet cross-correlation analysis[J]. Epilepsy and Beha-viour, 2(3): 288-294.

[105] MIZUNO-MATSUMOTO, MOTAMEDI Y, WEBBER G K, et al. 2002. Wavelet cross-correlation analysis can help predict whether bursts of pulse stimulation will terminate after discharges[J]. Clinical Neurophysiology, 113: 33-42.

[106] ONORATO M, SALVETTI M V, BURESTI G, et al. 1997. Application of a wavelet cross-correlation analysis to DNS velocity signals[J]. European Journal of Mechanics B, 16 (4): 575-597.

[107] PHILIP C. 1997. Kinematic GPS for deformation monitoring[J]. Geomatica, 51(2):167-168.

[108] RODRIGUEZ E, GEORGE N, LACHAUX J P, et al. 1999. Perception's shadow: long-distance synchronization of human brain activity[J]. Nature, 397: 430-433.

[109] SANTOSO S, POWERS E, BENGTSON R, et al. 1997. Time-series analysis of nonstationary plasma fluctuations using wavelet transforms[J]. Rev Sci Instrum, 68: 898-901.

[110] SATIRAPOD C, WANG Jinling, RIZOS C. 2003. Comparing different global positioning system data processing techniques for modeling residual systematic errors [J]. Journal of Surveying Engineering ,129(4): 129-135.

[111] SELLO S. 2003. Wavelet entropy and the multi peaked structure of solar cycle maximum [J]. New Astronomy,8: 105-117.

[112] SELLO S, BELLAZZINI J. 2000. Wavelet cross-correlation analysis of turbulent mixing from large-eddy simulations [J]. Eighth European Turbulence Conference, Barcelona, Spain: 27-30.

[113] SHANNON C E. 1946. A mathematical theory of communication [J]. Bell System Technology Journal, 27: 379-423, 623-656.

[114] SHIMIZU N, MIZUTA Y, KONDO H, et al. 1996. A new GPS real-time monitoring system for deformation measurements and its application:Proceeding of the 8th FIG Int. Symposium on Deformation Measurements [C]. Hong Kong:[s. n.]:47-54.

[115] STANLEY W D, DOUGHERTY G R, DOUGHERTY R. 1984. Digital signal processing [M]. Va. : Reston Pub. Co.

[116] SWELDENS W. 1997. The lifting scheme: a construction of secondgeneration wavelets [J]. Siamj Math Anal, 29(2): 511-546.

[117] TORRENCE C, WEBSTER P J. 1999. Interdecadal changes in the ENSO-monsoon system[J]. Journal of Climate,12: 2679-2690.

[118] VALDES-GALICIA J F, VELASCO V M. 2008. Variations of mid-term periodicities in solar activity physical phenomena[J]. Advances in Space Research,41: 297-305.

[119] WEISS S, RAPPELSBERGER P. 1996. EEG coherence within the 13~18 Hz band as a correlate of a distinct lexical organisation of concrete and abstract nouns in humans[J]. Neurosci Lett, 209: 17-20.

[120] WONG K. 1997. Wavelet packet division multiplexing and wavelet packet design under timing error efforts[J]. IEEE Transaction on Signal Processing, 45: 1877-2889.

[121] ZHANG Jiankang, BAO Zheng. 1998. Theory of orthonormal m-band wavelet packets[J]. Journal of Electronics, 15(3): 193-198.